Hammad Tariq Janjuhah

Fundamentos das rochas geradoras, modelação de bacias e interpretação sísmica

Hammad Tariq Janjuhah

Fundamentos das rochas geradoras, modelação de bacias e interpretação sísmica

Imprint

Any brand names and product names mentioned in this book are subject to trademark, brand or patent protection and are trademarks or registered trademarks of their respective holders. The use of brand names, product names, common names, trade names, product descriptions etc. even without a particular marking in this work is in no way to be construed to mean that such names may be regarded as unrestricted in respect of trademark and brand protection legislation and could thus be used by anyone.

Cover image: www.ingimage.com

This book is a translation from the original published under ISBN 978-620-2-02663-5.

Publisher:
Sciencia Scripts
is a trademark of
Dodo Books Indian Ocean Ltd. and OmniScriptum S.R.L publishing group

120 High Road, East Finchley, London, N2 9ED, United Kingdom
Str. Armeneasca 28/1, office 1, Chisinau MD-2012, Republic of Moldova, Europe
Printed at: see last page
ISBN: 978-620-7-92077-8

Lista de conteúdos:

1. Caracterização da rocha-mãe

As rochas geradoras são rochas que foram ou podem ser capazes de gerar petróleo (Tissot *et al.*, 1987). Peters e Cassa (1994) abordaram várias terminologias para caraterizar as rochas geradoras. Uma rocha geradora potencial contém quantidades adequadas de matéria orgânica para gerar petróleo, mas ainda não gerou (Walters, 2006). Uma rocha geradora ativa está a gerar e a expelir petróleo no momento crítico (Magoon e Schmoker, 2000). Uma rocha geradora inativa deixou de gerar petróleo, embora ainda apresente potencial petrolífero (Hunt, 1996). Embora a litologia hospedeira também seja importante para o reconhecimento da rocha geradora de petróleo, esta depende da determinação da sua matéria orgânica, geralmente expressa em carbono orgânico total (COT). Depende também do tipo (qualidade) da matéria orgânica (tipo de querogénio) preservada na rocha geradora de petróleo e, finalmente, do estádio evolutivo do querogénio (maturidade térmica), ou da extensão do aquecimento do soterramento da rocha geradora (Peters e Cassa, 1994) (Tabela-1). As técnicas geoquímicas do petróleo são utilizadas para avaliar o potencial de geração das rochas geradoras. A principal contribuição da geoquímica orgânica é fornecer dados analíticos para identificar e mapear as rochas geradoras. Estes mapas incluem a riqueza, o tipo e a maturidade térmica das rochas geradoras, passos necessários para determinar a extensão geográfica do conjunto de rochas geradoras activas no sistema petrolífero. A riqueza, o tipo de querogénio e a maturidade térmica do conjunto de rochas geradoras activas determinam a quantidade de petróleo e gás disponível.

1.2 Geoquímica Orgânica

As análises de geoquímica orgânica a granel são ferramentas de exploração comuns para a avaliação rápida e económica de um grande número de amostras de rocha de poços. Um grande número de análises destas amostras de rocha é utilizado para fazer registos geoquímicos para avaliar a espessura, a distribuição, a riqueza, o tipo e a maturidade térmica das rochas geradoras na bacia.

1.2.1 Quantidade de matéria orgânica

A quantidade de matéria orgânica é geralmente definida como o total do conteúdo orgânico numa rocha inteira, o que requer uma análise a granel.

Tabela-1: (a) Potencial gerador (quantidade) da rocha geradora imatura, **(b)** Tipo de querogénio e produtos expelidos (qualidade), e **(c)** Maturidade térmica (Peters e Cassa, 1994).

( )[a]	Rocha - Avaliação (mg/g de rocha)				
Potencial Quantidade	**COT (% em peso)**	**S1**	**S2**	**Betume (ppm)**	**Hidrocarboneto (ppm)**
Pobres	<0.5	<0.5	<2.5	<500	<300
Justo	0..5-1	0.5-1	2.5-5	500-1000	300-600
Bom	1-2	1-2	5-10	1000-2000	600-1200
Muito bom	2-4	2-4	10-20	2000-4000	1200-2400
Excelente	>4	>4	>20	>4000	>2400

(b) Qualidade do querogénio	**Índice de hidrogénio (mg hidrocarboneto/g COT)**	**S2/S3**	**H/C atómico**	**Produção principal Pico de maturação**
I	>600	>15	>1.5	óleo
II	300-600	10-15	1.2-1.5	óleo
II/III	200-300	5-10	1.0-1.2	Óleo/Gás
III	50-200	1-5	0.7-1.0	Gás
IV	<50	<1	<0.7	Nenhum

(c)		Maturação			Geração
Maturidade ("janela de petróleo")		**Ro (%)**	**Tmax (c)**	**TAI**	**PI (S1/(S1+S2)**
Imaturo		0.2.-0.60	<435	1.5-2.6	<0.10
Maduro	Cedo	0.60-0.65	435-445	2.6-2.7	0.10-0.15
	Pico	0.65-0.90	445-450	2.6-2.7	0.25-0.40
	Tarde	0.90-1.35	450-470	2.9-3.3	>0.40
	Pós-maduro	>1.35	>470	>3.3	

O parâmetro típico utilizado para caraterizar o potencial da rocha geradora com base na quantidade de conteúdo orgânico é o conteúdo total de carbono orgânico (TOC), indicado na Tabela 1A.

1.2.1.1 Teor de carbono orgânico total (TOC)

O carbono orgânico total (TOC, wt. %) descreve a quantidade de carbono orgânico numa amostra de rocha inteira e inclui querogénio e betume. Podem ser utilizados vários métodos para determinar a quantidade de matéria orgânica numa amostra de rocha inteira (Tissot *et al.*, 1987). O teor de COT inferior a 2% é interpretado como tendo um potencial de rocha geradora bom a razoável, em resultado de uma boa preservação da matéria orgânica em condições anóxicas. De um modo geral, Peters e Moldowan (1993) mostraram que as rochas geradoras que contêm menos de 0,5% de COT são consideradas como tendo um potencial de fonte de hidrocarbonetos negligenciável.

1.2.2 Tipo de matéria orgânica

A pirólise de rochas pode ser utilizada para identificar o tipo de matéria orgânica e para detetar o potencial petrolífero nas amostras de rocha (Sachse *et al.*, 2011). O tipo I é "altamente propenso a petróleo", o tipo II é "uma mistura de petróleo e gás" e o tipo III é propenso a gás (Passey *et al.*, 2010). O tipo de produtos de hidrocarbonetos (gás ou petróleo) que serão gerados a partir da rocha geradora também pode ser obtido a partir do HI ou do rácio S2/S3 (Peters, 1986). Os tipos de querogénio são distinguidos utilizando o diagrama atómico H/C versus O/C ou diagrama de Van Kervelen (Figura 1; Tabela-1B).

1.2.2.1 Querogénio tipo I:

O querogénio imaturo do tipo I é altamente propenso ao óleo, apresenta uma elevada relação atómica H/C (>1,5), baixa relação O/C (<0,1) e geralmente tem um baixo teor de enxofre. Este querogénio é dominado por macerais de liptinite, mas a vitrinite e a inertinite podem estar presentes em quantidades menores. O querogénio de tipo I parece ser derivado de um extenso retrabalhamento bacteriano de matéria orgânica de algas ricas em lípidos.

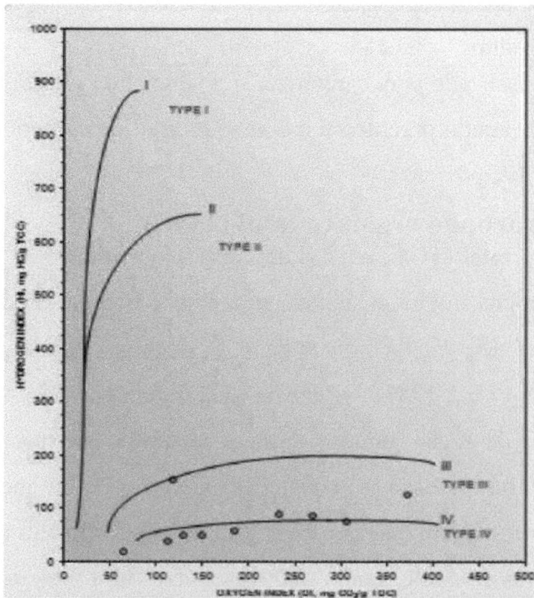

Figura 1. O diagrama HI versus OI, baseado na pirólise Rock Eval de rocha inteira, utilizado para descrever

1.2.2.2 Querogénio tipo II:

O querogénio imaturo do tipo II é propenso ao petróleo e apresenta uma elevada relação atómica H/C (1,2-1,5) e uma baixa relação O/C em comparação com o tipo III e o tipo IV. O enxofre é geralmente mais elevado no tipo II em comparação com outros querogénios (Orr, 1986). O querogénio de tipo II é também dominado por macerais de liptinite.

1.2.2.3 Querogénio tipo III:

O querogénio imaturo do tipo III apresenta baixa relação atómica H/C (<1,0) e alta relação O/C (<0,3). O querogénio de tipo III é propenso a gás porque produz algum gás hidrocarboneto mas pouco petróleo durante a maturação. Alguns depósitos deltaicos espessos dominados por querogénio tipo III geraram petróleo sustentável, principalmente a partir de macerais de liptinite que podem representar apenas uma pequena porção do querogénio.

1.2.2.4 Querogénio tipo IV:

O querogénio de tipo IV é "carbono morto" e apresenta uma relação H/C atómica muito baixa (cerca de 0,5-0,6) e uma relação O/C baixa a elevada (<0,3). Este querogénio não tem hidrocarbonetos durante a maturação. O querogénio de tipo IV pode ser derivado de outros tipos de querogénio que tenham sido retrabalhados ou oxidados.

1.2.3 Pirólise de avaliação de rochas

A pirólise é definida como o aquecimento de matéria na ausência de oxigénio para produzir compostos orgânicos. A pirólise Rock-Eval pode ser utilizada para identificar o tipo e a maturidade da matéria orgânica e para detetar o potencial petrolífero em amostras de rocha (Sykes e Snowdon, 2002).

Diferentes parâmetros podem ser identificados a partir da pirólise Rock- Eval como S1, S2, S3, Tmax, OI, HI, e PI.

Os rendimentos de pirólise S1 são a quantidade de hidrocarbonetos livres (gás e óleo; mg HC/g de rocha) na amostra. Se S1 >1 mg HC/g de rocha, pode ser indicativo de um espetáculo de petróleo e S1 normalmente aumenta com a profundidade. O rendimento S2 descreve a quantidade de hidrocarbonetos gerados através do craqueamento térmico da matéria orgânica não volátil. Os rendimentos S2 libertados durante a pirólise são uma medida útil para avaliar o potencial generativo das rochas geradoras (Espitalié, 1993).

Os rendimentos S2 inferiores a 4,0 (mg HC/g rocha) são geralmente considerados como rochas geradoras com fraco potencial generativo; rendimentos superiores a 4,0 são comuns em rochas geradoras de hidrocarbonetos conhecidas (Espitalié, 1993). Os rendimentos S3 definem a quantidade de **CO2 (mgCO2/g** rocha) produzida durante a pirólise do querogénio. O rendimento S3 é uma indicação da quantidade de oxigénio no querogénio e é utilizado para calcular o índice de oxigénio (OI), Índice de oxigénio em mg/g de rocha, OI = (S3*100)/TOC.

T-max é a temperatura à qual ocorre a libertação máxima de hidrocarbonetos a partir do craqueamento do querogénio durante a pirólise. Mukhopadhyay *et al.* (1995) modificaram o diagrama de van Kervelen integrando a T-max para estudar a relação entre o tipo de querogénio e a maturidade (Figura 3.2). Tmax é a temperatura no pico máximo de S2 que indica o estádio de maturação da matéria orgânica (Tissot *et al.*, 1987).

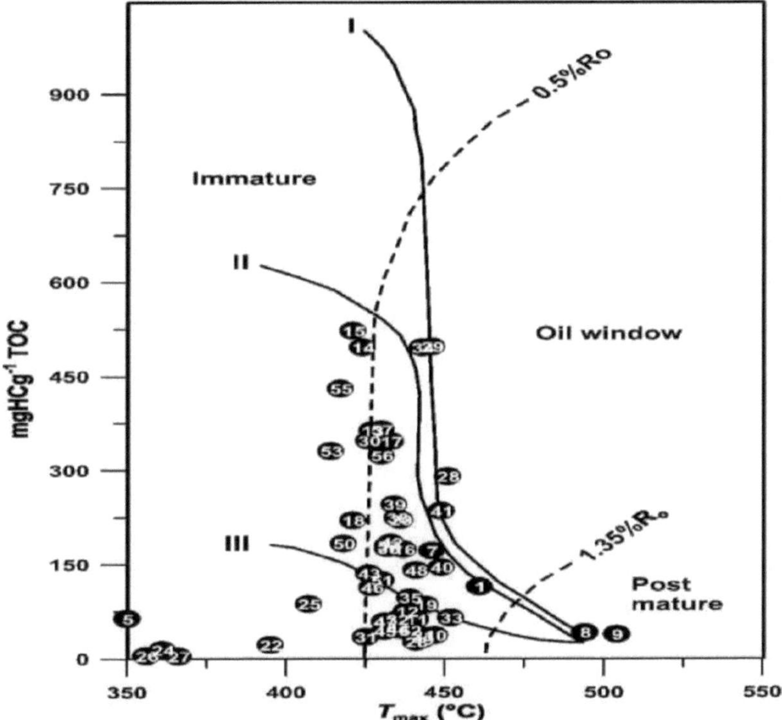

Figura 2. Mostra o índice de hidrogénio (HI) versus Tmax indica os diferentes tipos de querogénio nas diferentes fases de maturação (Mukhopadhyay *et al.*, 1995).

O HI é o índice de hidrogénio (mgHC/g COT) e é um parâmetro utilizado para caraterizar a matéria de origem. O IH também pode ser calculado utilizando S2 e TOC. Índice de hidrogénio em mg/g de rocha, HI= (S2*100)/TOC.

1.2.4 Indicadores de maturidade térmica

A maturidade térmica da matéria orgânica é essencial para a avaliação do potencial da fonte de querogénio. A maturidade térmica descreve a extensão das reacções provocadas pelo calor e pelo tempo, que convertem a matéria orgânica em petróleo (Peters e Cassa, 1994). O processamento térmico está geralmente associado ao enterramento, que converte parte da matéria orgânica em petróleo e, por fim, em gás (Sykes e Snowdon, 2002).

Vários métodos têm sido utilizados para determinar o nível de maturidade térmica da matéria orgânica. A reflectância da vitrinite (VR) é um dos métodos mais utilizados, uma vez que a vitrinite é o constituinte mais comum nos sedimentos carbonosos.

A maturidade térmica também pode ser obtida a partir dos parâmetros T-max da pirólise de Rock Eval (Behar *et al.*, 1997). O valor de T-max depende fortemente da temperatura, pelo que elimina o material de retrabalho e os factores de hidrocarbonetos migrados. Os intervalos de T-max de 430°C a 465°C indicam o topo das janelas de óleo e de gás, respetivamente (Tabela-1C).

1.2.5 Reflectância da vitrinite (%Ro)

A reflectância da vitrinite (%Ro) medida por imersão em óleo é amplamente aceite pelos geólogos de exploração para medir a maturidade térmica do querogénio. O topo e o fundo da geração de petróleo e gás variam com o tipo de matéria orgânica, variando de 0,5% a 1,0% e 1,4% a 3,5% Ro, respetivamente (Tissot *et al.*, 1987) (Tabela-1C). Geralmente, os valores de vitrinite aumentam com a profundidade devido a um aumento da temperatura e ao aumento da idade da rocha com a profundidade. A maturação da vitrinite não é afetada significativamente pela pressão, apenas pela temperatura (Hunt, 1996). A reflectância da vitrinite é o indicador de maturidade térmica mais utilizado porque se estende por um intervalo de maturidade mais longo do que a maioria dos outros indicadores.

1.3 Estudo de caso da avaliação da rocha-mãe

Neste estudo de caso, os dados geoquímicos orgânicos são discutidos para as amostras de xisto de três localidades. Os dados geoquímicos orgânicos foram utilizados para avaliar o teor de matéria orgânica, o tipo e a maturidade térmica da matéria orgânica com base no teor orgânico total e nos dados de pirólise do Rock Eval. Para dar início à avaliação da rocha-mãe, foi utilizado um número total de 48 amostras para a análise Rock Eval e TOC. A avaliação da rocha é uma forma de rastreio que fornece informações rápidas sobre a quantidade (Figura 3), a qualidade e o nível de maturidade orgânica.

1.3.1 Conteúdo orgânico total (TOC)

O carbono orgânico total (TOC) foi efectuado para determinar a quantidade de matéria orgânica. A maioria das 9 amostras de xisto da Localidade-1 contém um teor orgânico total muito baixo (TOC< 0,59 wt. %). O TOC foi também efectuado para outras duas localidades conhecidas como localidade-2 e 3, que contêm diferentes ciclos de amostras de xisto. O poço da localidade-2, que contém dois tipos diferentes de amostras de xisto do Ciclo II e III, sendo que as amostras de xisto do Ciclo III na localidade-2 indicam um teor de matéria orgânica total baixo a moderado (TOC 0,2 - 1,24wt. %).

Enquanto as amostras de xisto do Ciclo II no poço da localidade-2 possuem um teor orgânico total mais elevado do que o do Ciclo III (COT 0,53 - 1,56 wt. %).

A localidade-3 representa três ciclos. A primeira amostra de xisto do ciclo VI contém um teor orgânico total baixo (COT= 0,73% em peso), enquanto as segundas 5 amostras de xisto do ciclo III contêm um teor orgânico total baixo (COT= 0,56- 0,81% em peso) e a terceira, 3 amostras de xisto do ciclo II contêm um teor orgânico total moderado (COT= 0,77- 1,58% em peso).

Os teores de carbono orgânico total (COT) podem também ser verificados para as três localidades das amostras de xisto dos diferentes ciclos através de registos geoquímicos, o Ciclo VI na localidade 1 confirma a sua reputada baixa riqueza orgânica cujos valores variam entre <0,60 wt% com um valor médio de aproximadamente 0,59% (Figura. 4A).

Os ciclos II e III no poço Buntal-1 apresentaram uma riqueza orgânica baixa a moderada, cujo valor varia entre 0,2 e 1,24 wt. % no ciclo III, com uma média de 0,94%, e o ciclo II contém (TOC 0,53 - 1,56 wt. % com uma média de 1,30% (Figura 4B).

Os teores de carbono orgânico total (COT) medidos para as três localidades para as amostras de xisto dentro de ciclos diferentes (Figura 3), indicando a quantidade de rocha de origem, para ter um conteúdo de COT pobre a razoável (com base na classificação de Peters e Cassa (1994)).

1.3.2 Pirólise de rocha

O Rock Eval- dados de pirólise que indicam os hidrocarbonetos livres (S1) na rocha e a quantidade de hidrocarbonetos (S2) e **CO2** (S3) expelidos da pirólise do querogénio.

A quantidade de S2 expelida durante a pirólise é uma medida útil para avaliar o potencial generativo da rocha geradora (Peters, 1986). No Ciclo VI, 9 amostras de xisto do poço da localidade-1 que foram analisadas têm S2 inferior a 1,0 mg HC/g de rocha. O Ciclo III, com 26 amostras de xisto na localidade-2, tem um valor de S2 inferior a 1,20 mg HC/g de rocha e o Ciclo II, com 4 amostras de xisto, tem um valor ligeiramente superior ao do Ciclo III no mesmo poço, mas o valor global de S2 é inferior a 1,90 mg HC/g de rocha.

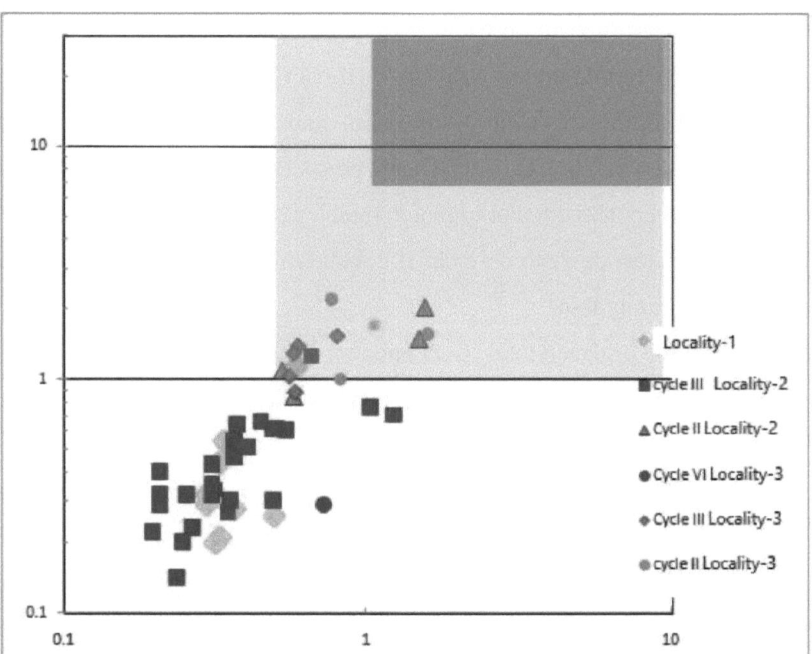

Figura 3. Gráfico cruzado da quantidade de rocha geradora da localidade-1, localidade-2 e localidade-3.

Na localidade-3, o Ciclo VI tem um valor de S2 de 0,15 mg HC/g, o que é muito baixo; o Ciclo III, que indica 5 amostras de xisto na localidade-2, contém um valor de S2 inferior a 1,30 mg HC/g e o Ciclo II, que representa três amostras, também contém valores de S2 inferiores a 1,60 mg HC/g. Os rendimentos da pirólise S2 inferiores a 2,50 mg HC/g de rocha indicam um potencial pobre de rocha geradora de hidrocarbonetos (também definido por Peters e Cassa (1994) (Tabela-1). Assim, a pirólise Rock-Eval S2 para o Ciclo VI na localidade-1 indica que a maioria das amostras analisadas tem um potencial pobre de geração de hidrocarbonetos (Figura. 5).

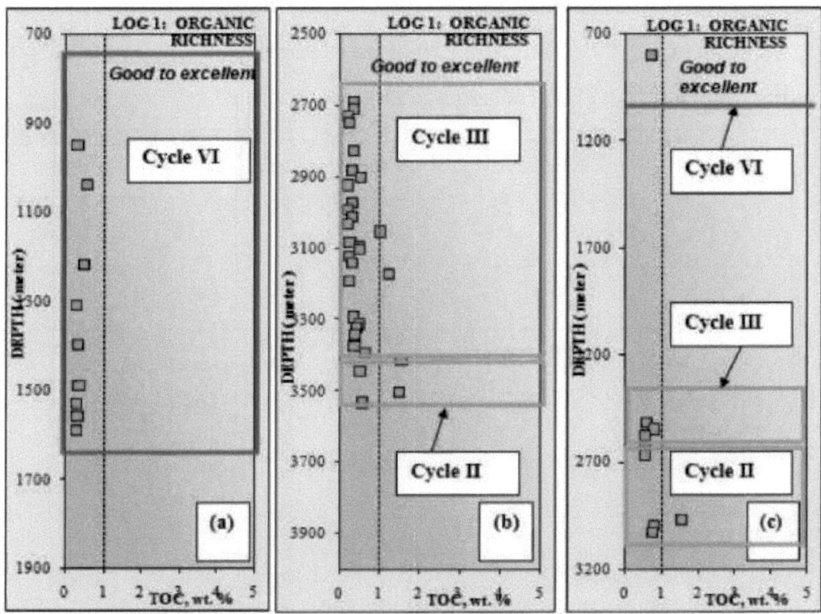

Figura. 4. Gráfico cruzado da quantidade de rocha geradora da localidade-1, localidade-2 e localidade-3.

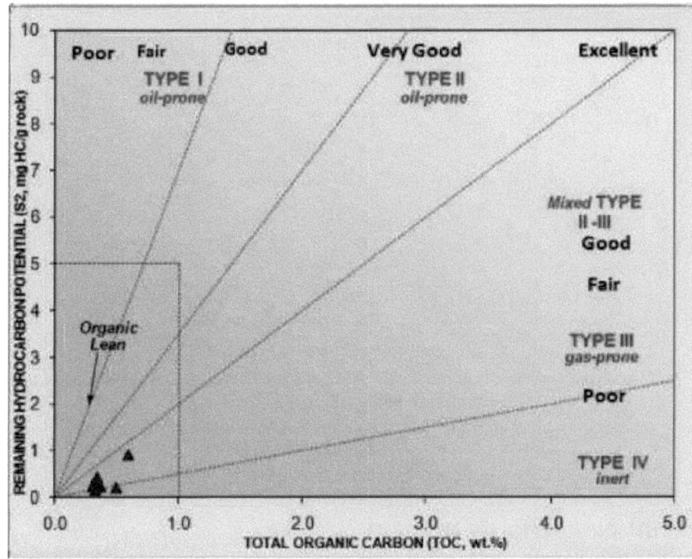

Figura. 5. Gráfico do carbono orgânico total (TOC, wt %) versus potencial remanescente de hidrocarbonetos (S2, mg HC/ g rocha), mostrando o potencial gerador das principais rochas geradoras. A maioria das amostras tem um fraco potencial de geração de hidrocarbonetos para a localidade-1.

A pirólise de rocha Eval S2 para o Ciclo II e o Ciclo III nos poços Buntal-1 e Lambit-1 indica que a maioria das amostras analisadas se situa no intervalo de potencial generativo fraco a razoável da rocha geradora. (Figuras 6 e 7).

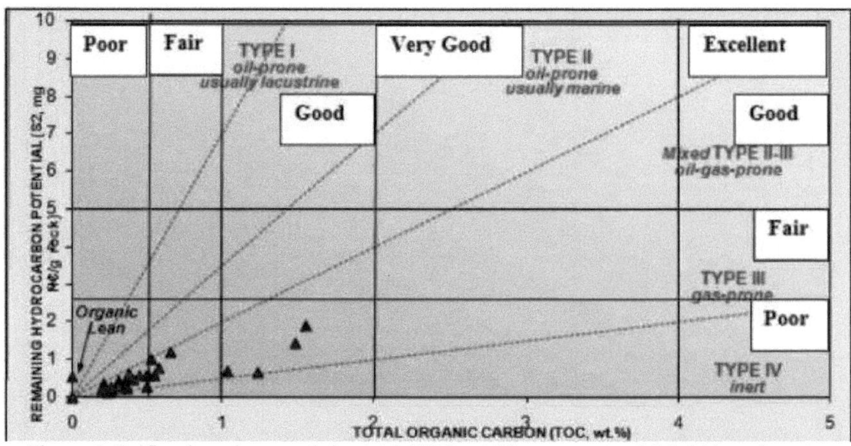

Figura. 6. Gráfico do carbono orgânico total (TOC, wt %) versus potencial de hidrocarbonetos remanescentes (S2, mg HC/ g
rocha), mostrando o potencial generativo das principais rochas geradoras. A maior parte da amostra tem um potencial generativo
fraco a razoável
para a localidade-2.

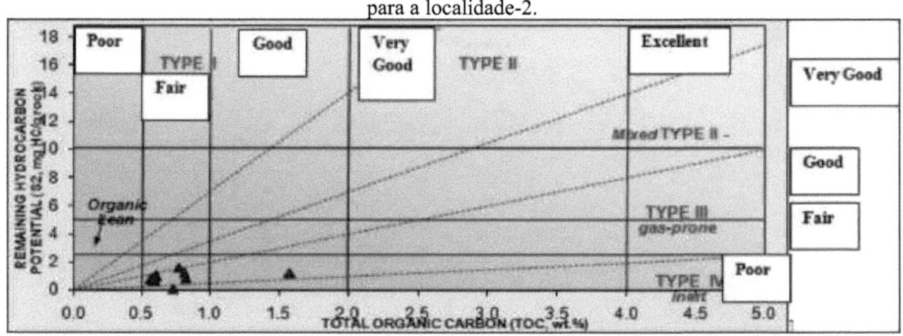

Figura. 7. Gráfico do carbono orgânico total (TOC, wt %) versus potencial de hidrocarbonetos remanescentes (S2, mg HC/ g
rocha), mostrando o potencial generativo das principais rochas geradoras. A maior parte da amostra tem um potencial
generativo fraco a razoável
para a localidade-3.

1.3.3 Potencial de rocha de origem

O querogénio é classificado em quatro tipos principais (I, II, III e IV). Diferentes tipos de querogénio geram diferentes tipos de hidrocarbonetos, tal como referido na secção 2.2.

Os dados de COT e de avaliação de rochas foram utilizados para construir os diagramas de Van Krevelen modificados para duas localidades diferentes ilustradas nas Figuras 8, a partir das quais foram reconhecidos dois tipos principais de rochas

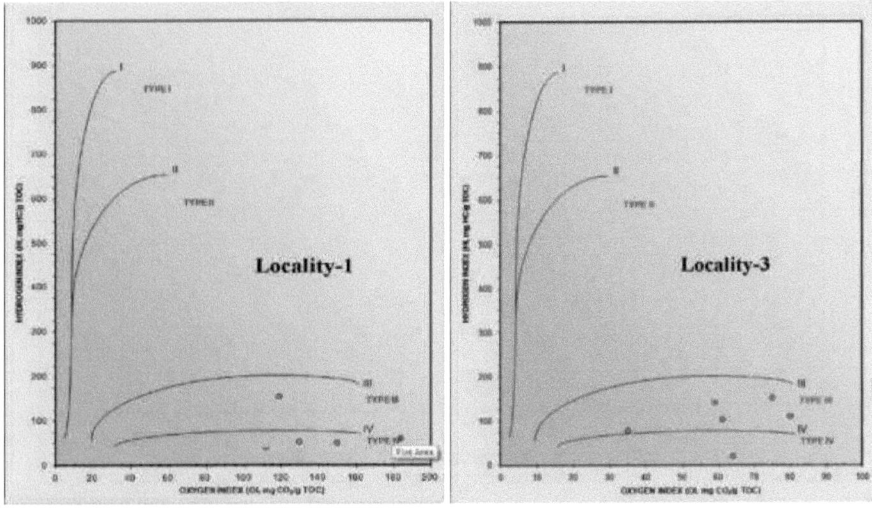

geradoras em três poços.

Figura. 8 Diagramas de Van Krevelen modificados da localidade-1 e da localidade-3.

O primeiro tipo encontra-se nas amostras do Ciclo VI da localidade-1 e do Ciclo VI e III na localidade-3, que parece ser propenso a gás, com uma ampla distribuição pelas amostras que contêm querogénio do tipo III (baixo índice de hidrogénio 120 mg HC/g TOC para a localidade-1 e baixo índice de hidrogénio 150 mg HC/g TOC para a localidade-3). O segundo tipo de rocha geradora encontrado na parte inferior do Ciclo VI na localidade-1 e no Ciclo II na localidade-3 é caracterizado por querogénio do tipo-IV, o que significa que não tem capacidade para gerar hidrocarbonetos (Figura 8).

O gráfico HI versus TOC para o Ciclo II e III em Buntal-1 (Figura 9) também indica que podem ser identificados dois tipos de querogénio. Para o Ciclo III, as amostras contêm rochas geradoras propensas a gás que têm querogénio do tipo III. As restantes rochas do Ciclo II analisadas têm um fraco potencial para a produção de hidrocarbonetos, uma vez que contêm querogénio do tipo IV.

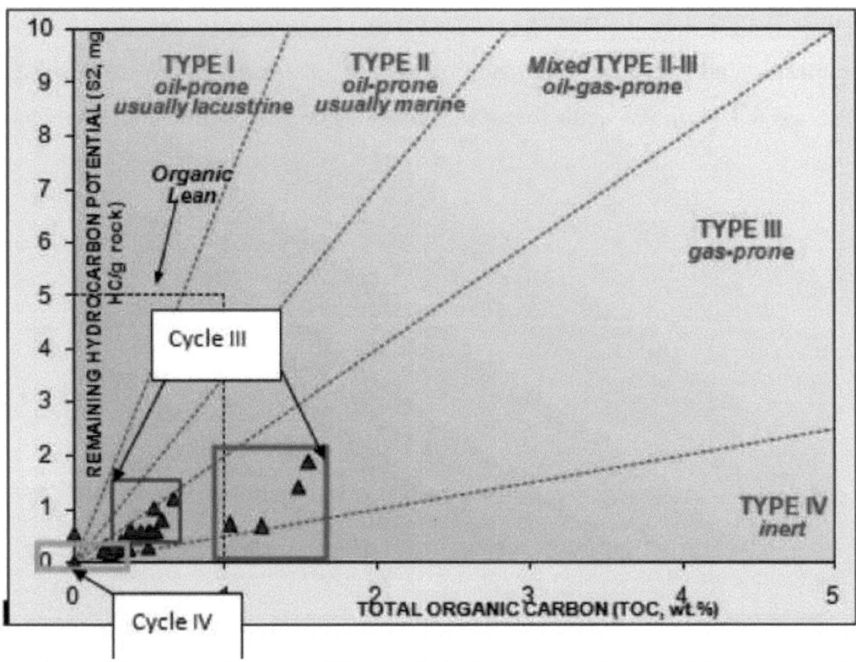

Figura. 9. O gráfico cruzado HI versus TOC para o Ciclo II e III na localidade-2 também pode ser utilizado para indicar diferentes tipos de querogénio, tendo sido identificados dois tipos de querogénio.

1.3.4 Reflectância da vitrinite

Durante a história de enterramento da área, a rocha geradora é exposta a temperaturas crescentes. A reflectância de vitrinite medida (%Ro), baseada em populações de vitrinite unimodais, aumenta sistematicamente com a profundidade. Com base nos perfis de maturidade (Figura. 10) estabelecidos a partir dos valores de Ro, espera-se que o hidrocarboneto seja imaturo até o estágio maduro inicial (com base na classificação de Peters e Cassa (1994) RO < 1,0 % para todas as localidades.

A reflectância média da vitrinite para o ciclo VI na localidade-1 varia entre 0,35 e 0,46%, enquanto a localidade-2 é constituída por dois ciclos, o ciclo II e o ciclo III, com uma relação de 0,34 a 0,66% e de 0,66 a 0,84%, respetivamente (Figura 10A, 10B).

A localidade-3 contém três ciclos de amostras de xisto e cada ciclo tem um valor de reflectância de vitrinite diferente. O ciclo VI representa apenas uma amostra e tem uma reflectância de vitrinite de cerca de 0,34%, o ciclo III contém 5 amostras e a Ro% varia entre 0,55 e 0,61. O ciclo II contém Ro% ligeiramente mais elevado do que o ciclo VI e o ciclo III, variando entre 0,68 e 0,69% (Figura 10C). De acordo com Peters e Cassa (1994), a classificação do valor da reflectância da vitrinite entre 0,2 e 0,60 é imatura, entre 0,60 e 0,65 é madura precoce e entre 0,65 e 0,90 é madura máxima, conforme resumido na Tabela-1C.

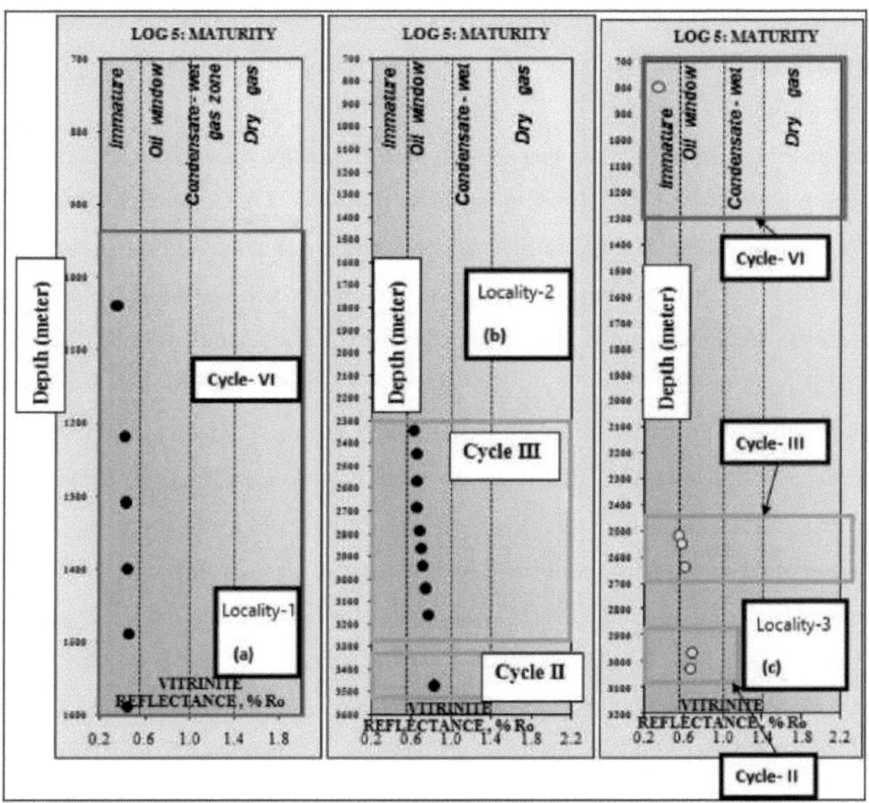

Figura. 10 Registo geoquímico indica perfis de maturidade de três poços (a) localidade-1, (b) localidade-2 e (c) localidade-3.

O Ciclo VI na localidade-1 e na localidade-3 parece ser termicamente imaturo para a matéria orgânica gerar hidrocarbonetos, ao passo que as amostras de xisto do Ciclo II e do Ciclo III na localidade-2 se encontram na fase termicamente madura, como mostra o registo geoquímico de maturidade baseado na reflectância da vitrinite (Figura 10B). Os valores do Ciclo II e do Ciclo III situam-se na gama de maturidade (Figura 10C), o que sugere que a rocha geradora da localidade 2 e da localidade 3 se encontra numa fase de imaturidade térmica a maturidade precoce para a produção de hidrocarbonetos líquidos.

1.3.5 Índice de hidrogénio (HI) e temperatura máxima (T-max)

T-max é a temperatura à qual ocorre a libertação máxima de hidrocarbonetos a partir da fissuração do querogénio durante a pirólise. O índice de hidrogénio é uma medida da riqueza em hidrogénio da rocha geradora e, quando o tipo de querogénio é conhecido, pode ser utilizado para estimar a maturidade térmica da matéria orgânica (Peters e Cassa, 1994).

As figuras. 11, 12 e 13 revelam que a maior parte dos dados traçados estão localizados na zona imatura a madura definida por T-max (400-450 °C). Geralmente, o início da janela de óleo ocorre a um valor T-max de aproximadamente 435°C, o que indica matéria orgânica madura, enquanto o fim da geração de óleo (início de gás húmido e condensado) é indicado por valores T-max de aproximadamente mais de 450°C. Neste estudo, os valores de T-max de pirólise para todos os ciclos em todos os poços estão na faixa de 329°C-450°C, representando uma maturidade imatura a tardia para a geração de hidrocarbonetos. Isto está de acordo com os dados de reflectância da vitrinite.

Os xistos do Ciclo VI têm valores baixos de índice de hidrogénio (HI), variando geralmente entre 50-154 mg HC/g TOC, indicando querogénio de Tipo III (Figura. 11). Os valores de T-max da pirólise Rock-Eval das amostras de xisto do Ciclo VI na localidade variam entre 400-431°C. Sabe-se que a gama de maturação dos valores T-max varia consoante os diferentes tipos de matéria orgânica (Peters, 1986; Tissot *et al.*, 1987).

A gama de variação de T-max é estreita para o querogénio de tipo I, mais larga para o tipo II e muito mais larga para o querogénio de tipo III devido à elevada complexidade estrutural da matéria orgânica, tal como referido por (Peters, 1986); Tissot *et al.* (1987). Este poderia ser o caso da localidade-2 que é dominada por querogénio de Tipo III com uma gama de T-max de (348 -454 °C) imaturo até à fase madura tardia (Tabela-1; Figura. 12).

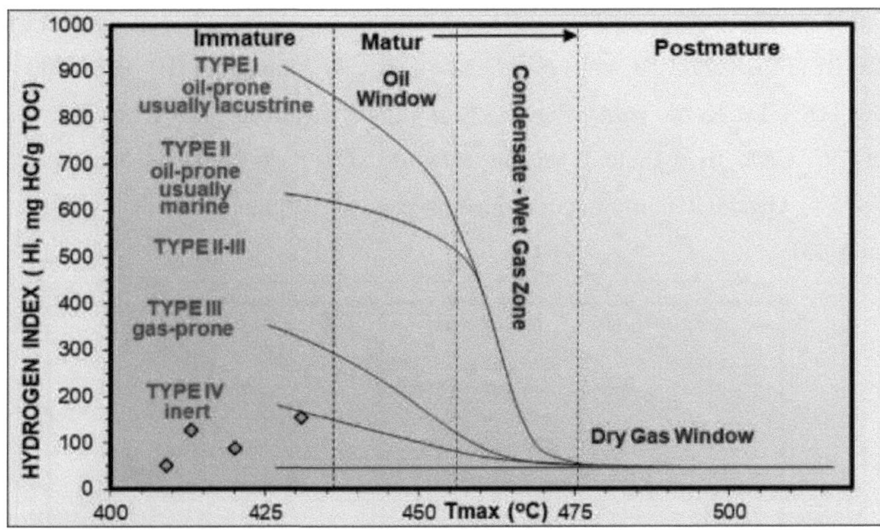

Figura. 11. O gráfico cruzado de T-max Vs HI da localidade, indicando o tipo de querogénio para as amostras analisadas.

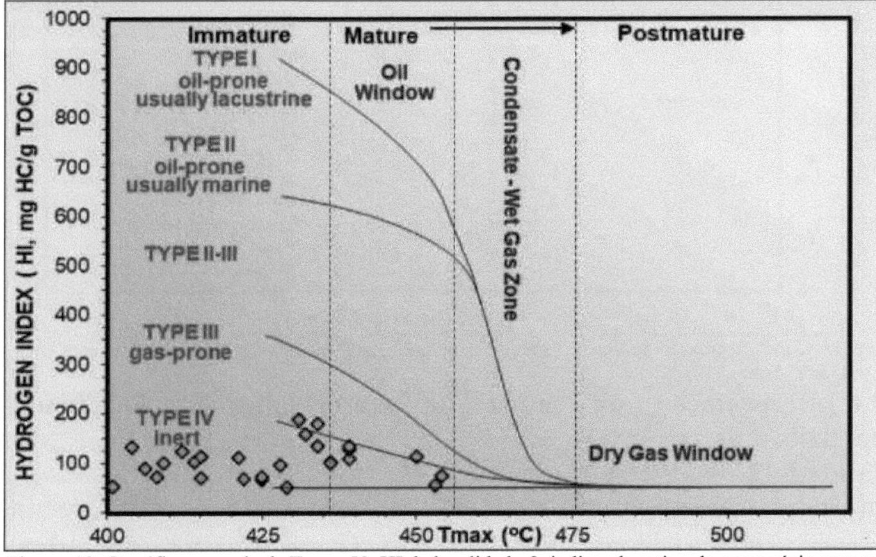

Figura. 12. O gráfico cruzado de T-max Vs HI da localidade-2, indicando o tipo de querogénio para as amostras analisadas

Os resultados indicam que o Ciclo VI no xisto da localidade-3 é caracterizado por um índice de hidrogénio muito baixo (HI de 21 mg HC/g TOC). O outro tipo de rocha-mãe, que se encontra no Ciclo III do xisto da localidade-3, também possui um baixo índice de hidrocarbonetos (HI de 110-168 mg HC/g TOC) e as amostras de xisto do

Ciclo II contêm valores de TOC e HI ligeiramente superiores aos do Ciclo VI e do Ciclo III (TOC 0,77-1,58 wt%) e um baixo índice de hidrogénio (HI de 80-209 mg HC/g TOC). De acordo com a Figura 13, os valores T-max da pirólise Rock-Eval do Ciclo VI, Ciclo III e Ciclo II nas amostras de xisto da localidade-3 variam entre 359445°C. O valor T-max parece ser imaturo para o estádio maduro inicial (Tabela-1, Figura. 13).

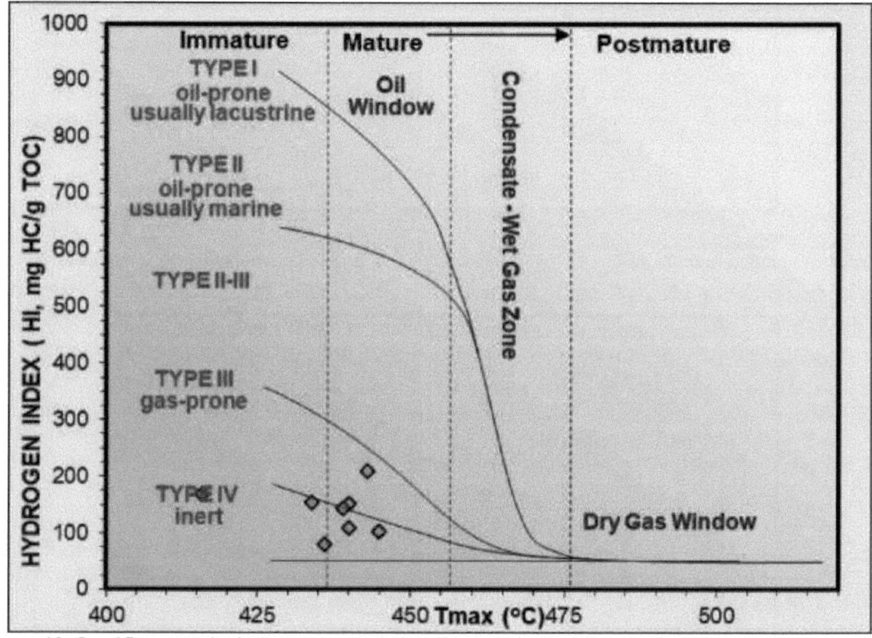

Figura. 13. O gráfico cruzado de T-max Vs HI da localidade-3, indicando o tipo de querogénio para as amostras analisadas

1.3.6 Interpretação do mapa de maturidade da localidade-1, localidade-2 e
localidade-3

A maturidade térmica é uma medida do nível de alteração térmica da matéria orgânica em rochas sedimentares. Como diferentes tipos de matéria orgânica respondem de forma diferente ao calor, a maturidade térmica é definida operacionalmente de forma diferente para diferentes substâncias. A maturidade térmica também dá uma estimativa aproximada da temperatura máxima que uma formação atingiu (Kamali e Rezaee, 2003). A reflectância da vitrinite é amplamente utilizada como índice de maturidade térmica. O mapa de reflectância da vitrinite foi construído calculando a reflectância da vitrinite a partir do topo dos carbonatos, de acordo com a equação da reflectância da vitrinite versus profundidade, partindo do princípio de que a deposição das rochas geradoras segue a topografia dos carbonatos (Figura 14).

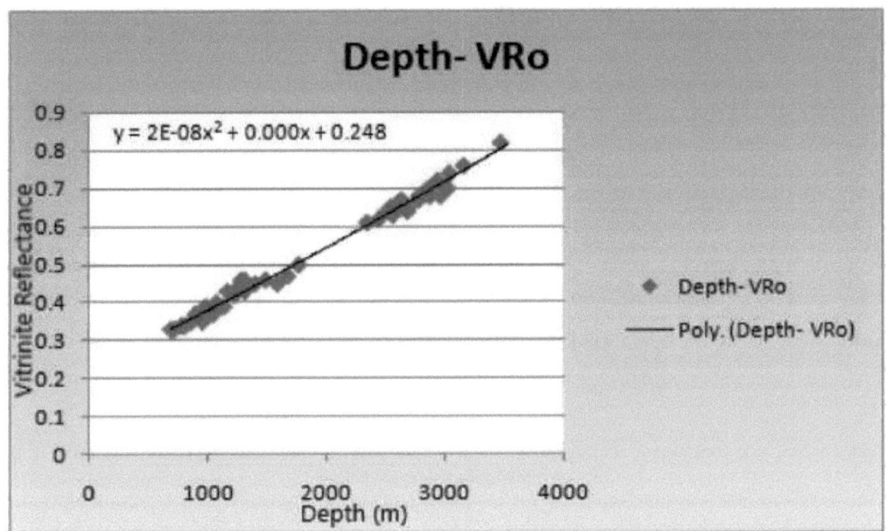

Figura. 14. Gráfico cruzado da reflectância de Vitrinite Vs profundidade para todas as localidades.

Depois de recolher a equação da figura 14 reflectância da vitrinite Vs profundidade, foi produzido o mapa de maturidade. O mapa fornece uma base útil para considerar a maturidade térmica. O mapa de maturidade da localidade-1, localidade-2 e localidade-3 é apresentado na figura. 15.

Assim, agora a localização da área da cozinha para a rocha geradora pode ser prevista facilmente usando o mapa térmico como mostrado na figura. 16. O mapa sugere que a vitrinite aumenta em duas áreas até 2,5%. Com base no mapa de maturidade (Figura. 16), infere-se que a rocha geradora na localidade-2 e na localidade-3 atingiu o nível de maturidade, o que indica que a produção de gás pode estar maioritariamente ou totalmente completa em toda a área estudada.

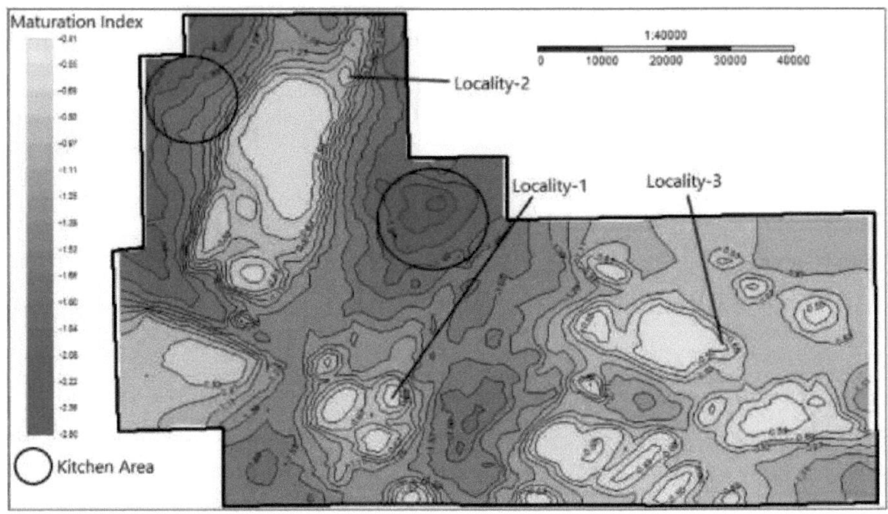

Figura. 15. Mapa de contorno da maturidade térmica da rocha geradora utilizando a reflectância de vitrinite com profundidade indicando

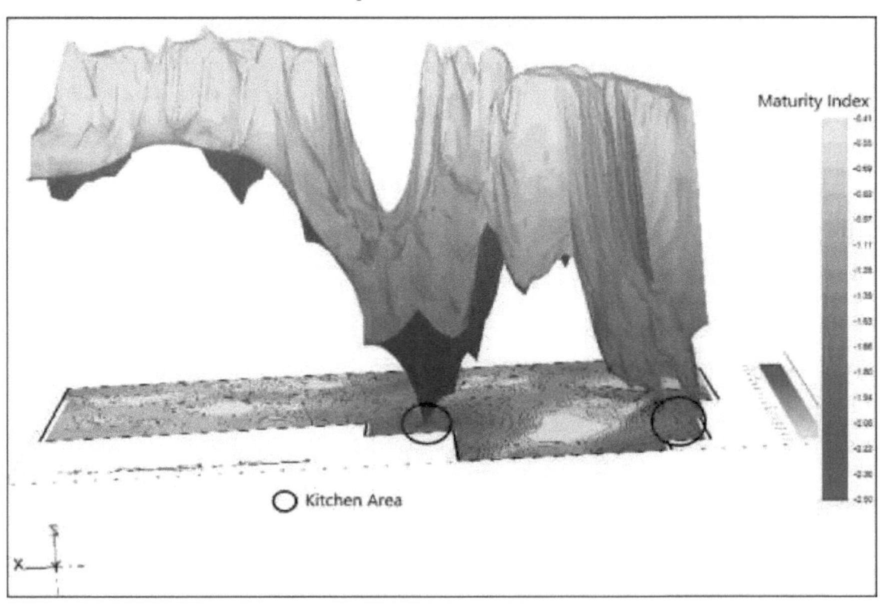

a localidade-1, a localidade-2 e a localidade-3.
Figura. 16. A localização da zona da cozinha representada por um círculo.

1.3.6.1 Área da cozinha 1

A área da cozinha 1 situa-se na parte norte da área de estudo. Na zona da cozinha 1, a reflectância da vitrinite varia entre 1,53 e 2,5 e a rocha de origem é o querogénio terrestre de tipo III, propenso a gás. Por conseguinte, é provável que o produto desta zona de cozinha seja gás.

1.3.6.2 Área da cozinha 2

A área de cozinha 2 localiza-se na parte nordeste da área de estudo. A reflectância da vitrinite nesta área é elevada (superior a 2,0). Assim, os querogénios propensos a gás produzirão gás (gás seco) devido à elevada temperatura e, consequentemente, ao elevado nível de maturidade. O modelo sugere que a rocha geradora é caracterizada por um nível de maturidade térmica dentro ou abaixo da "janela de petróleo" em toda a área de estudo.

2. Modelação da bacia

A modelação de bacias e sistemas petrolíferos tornou-se uma ferramenta importante que incentiva a análise e a compreensão do sistema petrolífero, mas estes devem ser calibrados com medições específicas do campo para que as suas previsões sejam fiáveis, por exemplo, o fluxo de calor, os dados da rocha geradora como a reflectância da vitrinite, HI, bem como o COT. O principal objetivo da modelação numérica realizada neste estudo é determinar a profundidade e o tempo de geração de hidrocarbonetos, o que significa quando a cozinha se torna madura.

2.2 Modelo concetual e matemático

A modelação de bacias é uma avaliação abrangente e integrada de uma bacia, cujo objetivo é determinar a carga de hidrocarbonetos, a migração e a história de acumulação da bacia (Magoon, 1994). A modelação unidimensional lida com uma linha em que a localização pode ser completamente descrita exatamente num eixo que é a profundidade (eixo Z). Um modelo concetual é um modelo construído a partir de dados geológicos iniciais (evidência de erosão, idade dos sedimentos, história tectónica, etc.) e consiste numa série de eventos geológicos que conduzem ao desenvolvimento da bacia. Um modelo de bacia é a representação matemática do modelo concetual do geólogo para a bacia. Matematicamente, existe uma temperatura empírica - integral de tempo - reação, para simular as reacções químicas que ocorrem durante a maturação (Hantschel e Kauerauf, 2009). O fluxo de calor do subsolo é adicionado ao modelo concetual. Um programa de computador PetroMod e software de amostragem 3D são utilizados para construir a história geológica da bacia aplicando leis físicas comuns. Os resultados do modelo informam-nos sobre a maturidade térmica da bacia, o tempo e a profundidade da geração de hidrocarbonetos.

2.3 Otimização de modelos

O modelo geológico concetual construído para a bacia é apenas um cenário de modelo possível entre vários cenários possíveis. A modelação da bacia é mais exacta quando estão disponíveis dados de poços, porque é possível comparar os resultados matemáticos com os dados reais observados nos poços. Por exemplo, a temperatura calculada vs. profundidade pode ser comparada com as temperaturas medidas no fundo do poço (Hunt, 1996), à semelhança dos dados de reflectância da vitrinite. Se não for observada uma boa concordância entre os dados calculados e os dados reais, então o modelo concetual não representa adequadamente a situação real. Neste caso, é necessária uma otimização do modelo matemático, designada por calibração. A calibração é uma das etapas mais importantes da modelação de bacias, uma vez que o modelo geológico concetual é modificado de modo a que os resultados matemáticos sejam comparáveis aos da bacia real.

2.4 Modelo de saída

A modelação unidimensional da bacia é frequentemente utilizada para fornecer informações sobre a maturidade da rocha geradora e o momento da geração de hidrocarbonetos (Magoon, 1994). O software 3D simples é utilizado para fornecer o mapa de contorno da área da cozinha da rocha geradora.

2.5 Estudo de causa

Foi efectuada uma modelação unidimensional (1-D) da história de enterramento e maturidade térmica para a localidade-1, localidade-2 e localidade-3 utilizando o PetroMod (1D). As localidades foram escolhidas para este estudo porque (1) foram perfuradas a profundidades que penetraram numa parte significativa da secção geológica de interesse, (2) representam diferentes configurações geológicas dentro da bacia, e (3) têm dados medidos de reflectância de vitrinite e de temperatura total para ajudar na calibração dos modelos de maturação.

2.5.1 Valor HI e cinética

HI, valor e cinética Behar *et al.* (1997)_ III (Mar do Norte)-cs foram atribuídos para os diferentes ciclos na localidade-1, localidade-2 e localidade-3. O HI do ciclo VI na localidade 1, que é de 81,77 mg HC/g TOC, é ligeiramente inferior ao da localidade-2 e da localidade-3, enquanto o ciclo II na localidade-2 contém 134,79 mg HC/g TOC e o ciclo III tem 102,77 mg HC/g TOC. A localidade-3 apresenta três valores HI diferentes para três ciclos diferentes. O ciclo VI representa 21,00 mg HC/g COT, o ciclo III tem 145,88 mg HC/g COT e o ciclo II indica 131,00 mg HC/g COT. Conforme definido por Peters e Cassa (1994), classificaram as rochas geradoras propensas a petróleo com valores de HI 300-600 e >600 mg HC/g TOC (Tabela-18) . O valor HI das rochas geradoras mistas propensas a petróleo e gás varia entre 200 e 300 mg HC/g TOC. Se o valor HI se situar no intervalo entre '50-200' mg HC/g

TOC, chamar-se-á rocha geradora propensa a gás e se o valor HI for <50 mg HC/g TOC, representará gás seco. O Ciclo VI na localidade-3 representa "seco", o que significa que a rocha geradora não tem capacidade para gerar hidrocarbonetos. O Ciclo VI na localidade-1, o Ciclo III e o Ciclo II na localidade-2 e na localidade-3 indicam rocha geradora propensa a gás, sugerindo capacidade de gerar gás.

2.5.2 Dados das condições de fronteira

Foram aplicados os parâmetros das condições de fronteira. O fluxo de calor é baseado na compreensão tectónica. A temperatura atual da superfície na área de estudo é de 22°C. As temperaturas da interface sedimento-água e o fluxo de calor paleo são condições de fronteira que devem ser definidas nos modelos. As temperaturas na interface sedimento-água ao longo do tempo foram calculadas no PetroMod através de um algoritmo que relaciona a temperatura média paleo da superfície e a idade geológica em função das reconstruções tectónicas de placas nas latitudes actuais (Al-Hajeri *et al.*, 2009) (Figura 17).

2.5.3 Dados de calibração

A calibração é um passo crucial na modelação. A calibração tem por objetivo estimar um ajuste entre as curvas modeladas de temperatura e de reflectância do vitrinito e os dados medidos de temperatura e de reflectância do vitrinito. As curvas de temperatura e maturidade modeladas são obtidas através da solução da equação do fluxo de calor relacionada com o fluxo de calor, a condutividade térmica e o gradiente geotérmico. A etapa de calibração é efectuada através da aplicação de valores de fluxo de calor geologicamente possíveis, que podem ser validados para o histórico de fluxo de calor através da calibração. Uma vez calculada a temperatura, uma combinação com o histórico de enterramento simula a reação química que produz a maturação (Burnham e Sweeney, 1991).

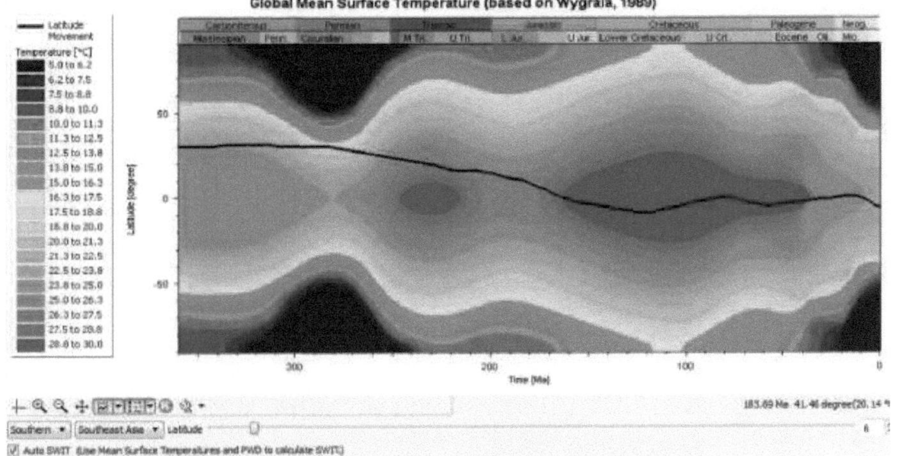

Figura. 17. Mostra a temperatura média global da superfície para as três localidades.

Para as três localidades, não existem dados de temperatura disponíveis para calibração. Por conseguinte, os dados de calibração utilizados neste estudo foram retirados de um cálculo manual utilizando como referência outras localidades situadas a cerca de 50 km da zona de estudo. De acordo com todos os dados dos poços, a temperatura média à superfície é de 22 °C.

Enquanto na subsuperfície, o gradiente de temperatura é aumentado em 2°C com um intervalo de 100 m de profundidade de 0 a 1000 metros, 2,5°C com um intervalo de 100 metros de profundidade de 1000 a 1500 metros, 3,0°C com um intervalo de 100 metros de profundidade de 1500 a 2000 metros, 3,5°C após cada intervalo de 100 metros de profundidade de 2000 a 2500 metros, 3,6°C de 2500 a 3500 e 3,8°C após cada intervalo de 100 metros de profundidade a temperatura é aumentada.

2.5.4 Curva de Calibração dos Resultados da Simulação e Histórico do Fluxo de Calor

Os dados de temperatura subsuperficial das três localidades seleccionadas são utilizados para prever o fluxo de calor atual na bacia. O gráfico da temperatura versus profundidade indica um aumento sistemático da reflectância da vitrinite com a profundidade (Figura 18). Após a calibração, a curva de fluxo de calor obtida é utilizada para construir o historial do fluxo de calor e para estimar o valor do fluxo de calor atual.

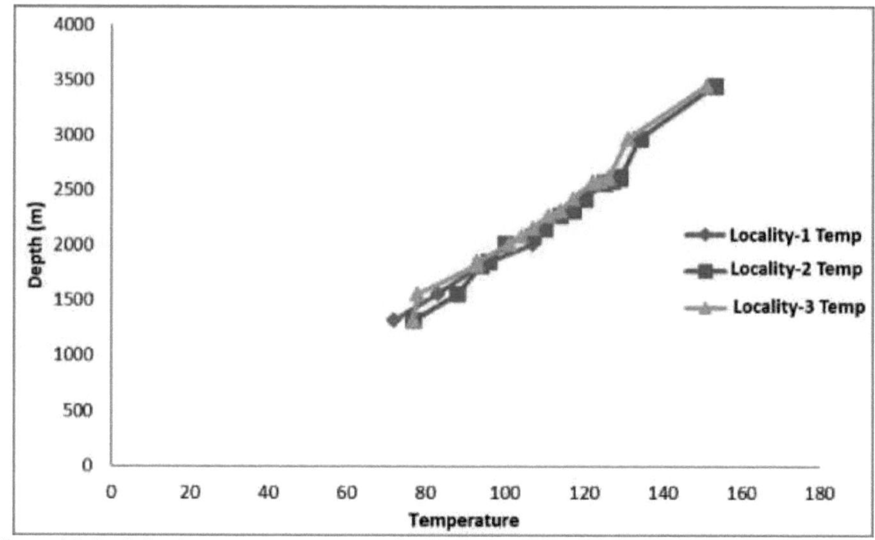

Figura. 18. Os dados de temperatura versus profundidade de três localidades são utilizados como dados de calibração de temperatura para modelação.

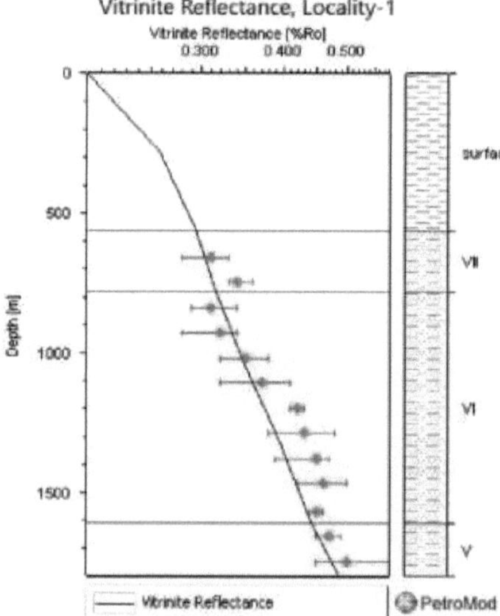

Figura. 19. Curva de derivação razoavelmente pequena do modelo de reflexão de vitrinite e dados reais na localidade-1.

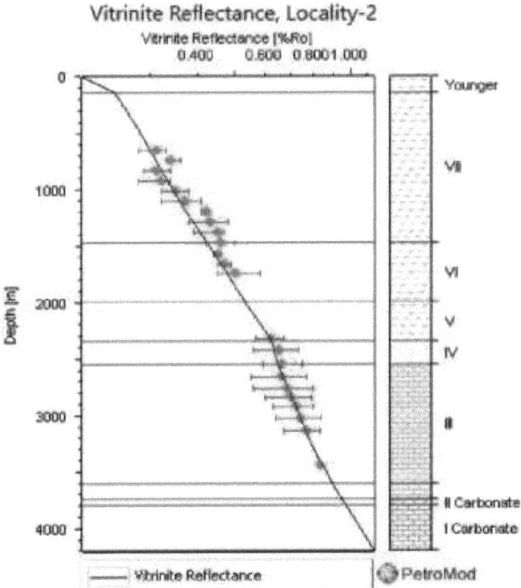

Figura. 20. Derivação razoavelmente menor observada nos dados reais da reflectância da vitrinite na localidade-2.

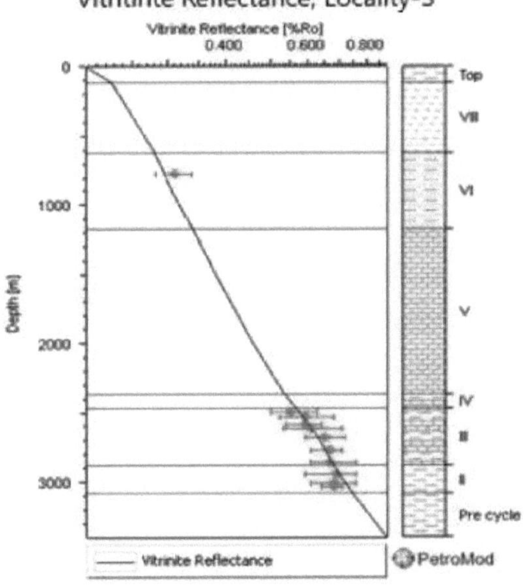

Figura. 21. Derivação razoavelmente menor observada nos dados reais da reflectância da vitrinite na localidade-3.

A temperatura é largamente influenciada pelo fluxo de calor do subsolo, cuja magnitude responde às actividades tectónicas. O fluxo de calor do subsolo foi ajustado até se obter um ajuste razoável entre os parâmetros térmicos modelados e medidos. A Figura. 18 mostra uma correlação razoavelmente boa entre as curvas modeladas e a temperatura, o que sugere que a história do fluxo de calor construído está correcta e que o modelo está calibrado.

De acordo com a Figura. 19, uma curva ligeiramente não ajustada da reflectância da vitrinite na profundidade de 900 a 1500 metros, isto deve-se provavelmente à supressão da reflectância da vitrinite (por exemplo, pode ser impregnação de betume ou espeleologia). Da mesma forma, na Figura. 20 observa-se uma curva de reflectância da vitrinite muito ligeiramente não ajustada à profundidade de 1300 metros e também na Figura. 21, observa-se uma curva de reflectância da vitrinite pouco ajustada à profundidade de 1500 metros.

As figuras. 22 e 24 mostram o historial do fluxo de calor construído desde 20 Ma até à atualidade. O fluxo de calor aumenta constantemente em ambas as localidades (1 e 3), mas a localidade-1 apresenta o pico mais baixo de 70 mWm² a cerca de 20 Ma e a localidade-3 apresenta o pico mais baixo de 72 mWm² a 50 Ma. No entanto, na localidade-2 o fluxo de calor diminui constantemente e apresenta o pico mais alto de 60 mWm2 a cerca de 20 Ma (Figura. 23).

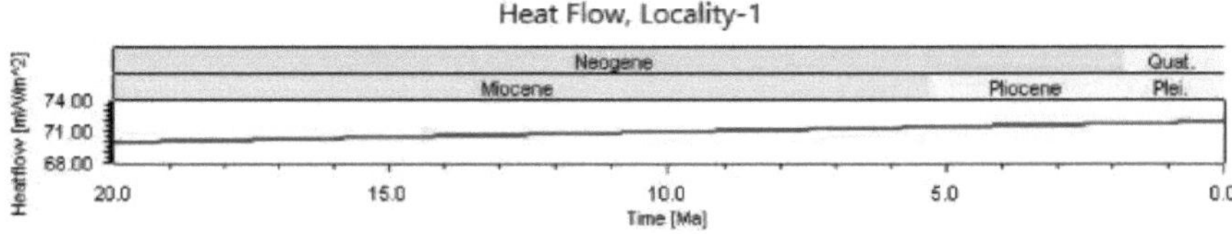

Figura. 22. Indicar o historial do fluxo de calor da localidade-1, que mostra um aumento ao longo do tempo (Ma).

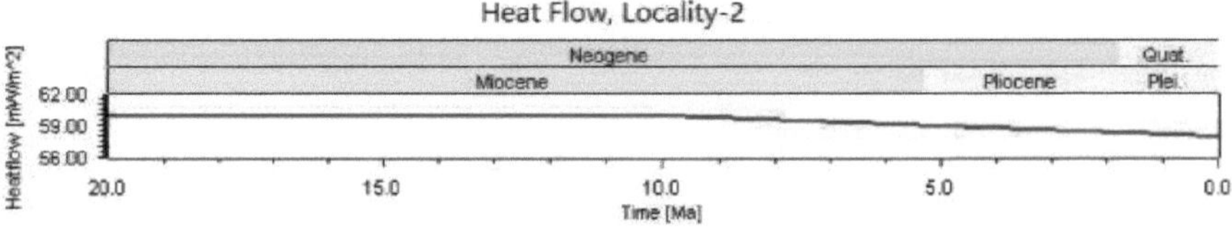

Figura. 23. Indicar o historial do fluxo de calor da localidade-2 que mostra que o fluxo de calor diminui com o tempo (Ma).

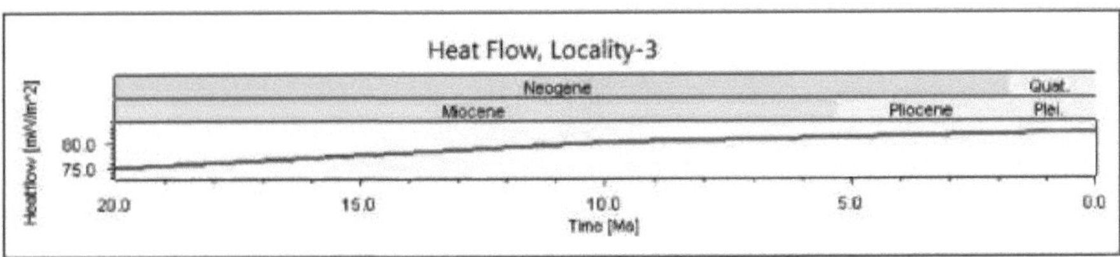

Figura. 24. Indicação da curva de fluxo de calor que aumenta em função do tempo (Ma) na localidade-3.

2.5.5 História de enterramento e tempo de maturação da rocha-mãe para Hidrocarbonetos.

O desenvolvimento tectónico na área de estudo influenciou significativamente o enterramento e a história térmica da área de estudo. O conhecimento sobre a subsidência local e a história térmica é necessário para compreender e prever o tempo de geração de hidrocarbonetos.

É importante conhecer a configuração tectónica geral da área de estudo, no entanto, devido ao acesso limitado a dados como secções sísmicas, o presente estudo não pôde incorporar uma discussão detalhada em relação ao desenvolvimento tectónico.

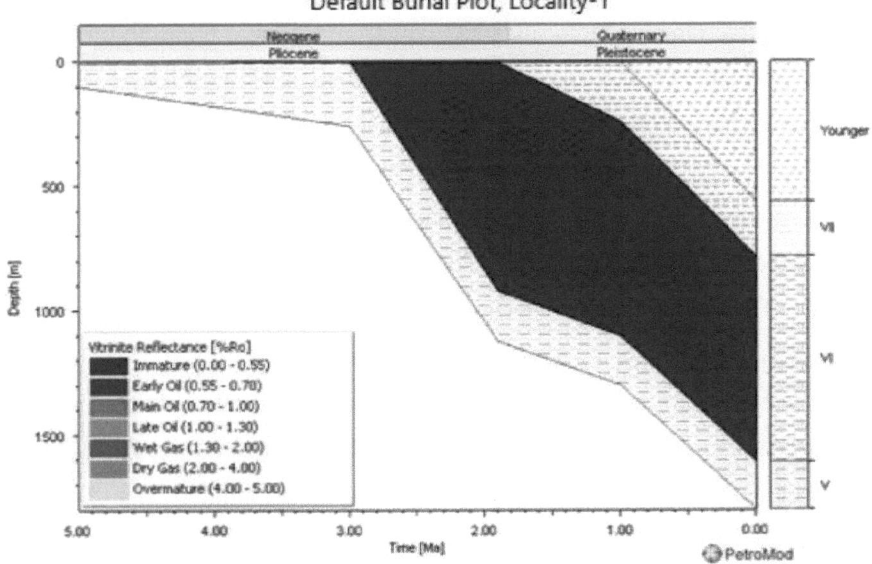

Figura. 25. História de enterramento da localidade-1.

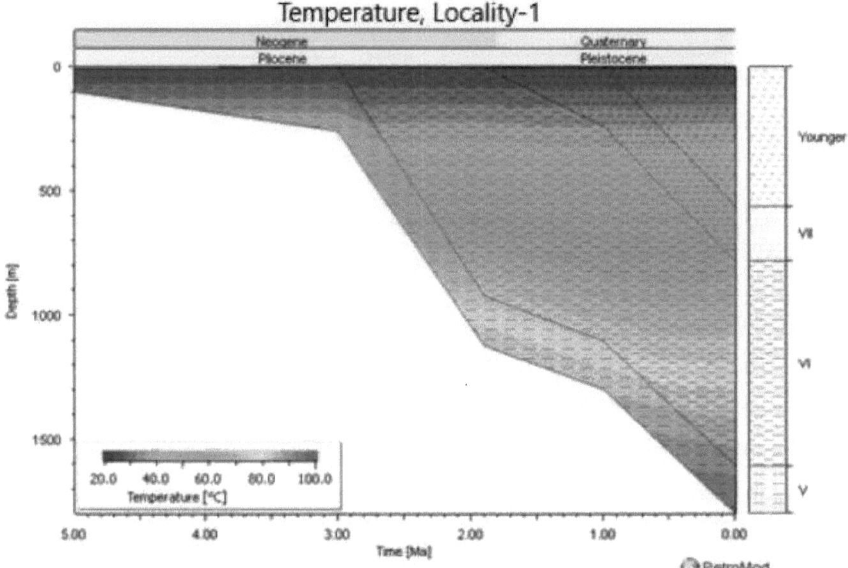

Figura. 26. Mostra a curva histórica da temperatura da localidade-1.

Na atual área de estudo, a taxa de subsidência pode ser estimada utilizando a idade de deposição e a espessura atual para os ciclos que foram penetrados nas localidades estudadas.

A história de soterramento da localidade-1 começou durante o Plioceno Inicial, entre 6 e 3,0 Ma, quando o Ciclo V começou a ser depositado. A sedimentação e subsidência foram caracterizadas por uma taxa de soterramento relativamente baixa de cerca de 119 m por Ma com a espessura atual de 1609 m (Figura. 25). O Ciclo VI, que é conhecido como rocha geradora na localidade 1, começou a depositar-se durante o Plioceno Médio e o Plioceno Inicial com uma taxa de enterramento relativamente elevada de 750 m por Ma, com uma espessura atual de 1609 m.

Em termos de temperatura, a temperatura da rocha geradora do Ciclo VI situa-se no intervalo de 6080 °C (Figura 26), o que indica que as amostras de xisto do Ciclo VI na localidade-1 são ainda imaturas para gerar hidrocarbonetos. No Pliocénico Médio, o gradiente de temperatura mudou subitamente, o que indica o início da fase de rifting da bacia (Figura 26).

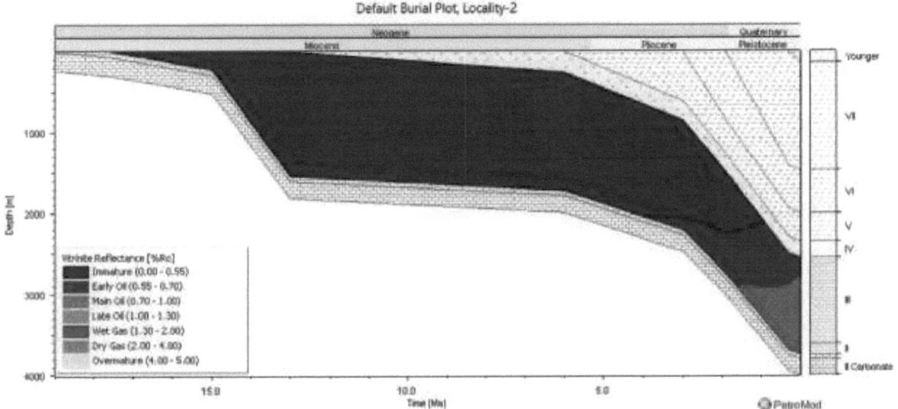

Figura. 27. Mostra a história de enterramento e os eventos de subsidência da localidade-2.

A história de enterramento da localidade-2 é mostrada na Figura. 27. A bacia começou a depositar-se durante o Miocénico Inicial, entre 19,0 e 15 Ma, altura em que o carbonato do Ciclo II começou a acumular-se e a depositar-se. A sedimentação e a subsidência foram caracterizadas por taxas de enterramento relativamente baixas, de cerca de 60 m por milhão de anos, com a espessura atual de 136 m.

A subsidência aumentou e a taxa de sedimentação também aumentou subitamente para cerca de 623 m por milhão de anos durante o Miocénico Médio de 15-12.98 Ma, onde a espessura total de sedimentos depositados é agora de 1260m. Em termos de temperatura (Figura 28), as temperaturas eram baixas a moderadas para a produção de petróleo a partir da rocha geradora. O processo de deposição do Ciclo III é contínuo sem qualquer influência tectónica. O principal evento erosivo ocorreu durante o período de deposição do Ciclo VI e afectou fortemente o processo de deposição do Ciclo VI entre 13-6 Ma. Nesta altura, os Ciclos II e III, conhecidos como rochas geradoras, não estavam enterrados a uma profundidade adequada para gerar hidrocarbonetos. Durante o Miocénico tardio até ao Pliocénico médio (6 - 3 ma), depositou-se o Ciclo V, que representa taxas de soterramento elevadas de aproximadamente 175 m por milhão de anos, resultando numa espessura atual de cerca de 525 m. Do Pliocénico médio até ao Pliocénico tardio, no Ciclo VI, a depressão atingiu a sua maior profundidade de soterramento nos poços estudados. Este período de subsidência foi caracterizado por um aumento distinto na taxa de subsidência, com a espessura relativa de 1090 m com a espessura atual relativa de 1332 m de (3,00 a 1,88 Ma).

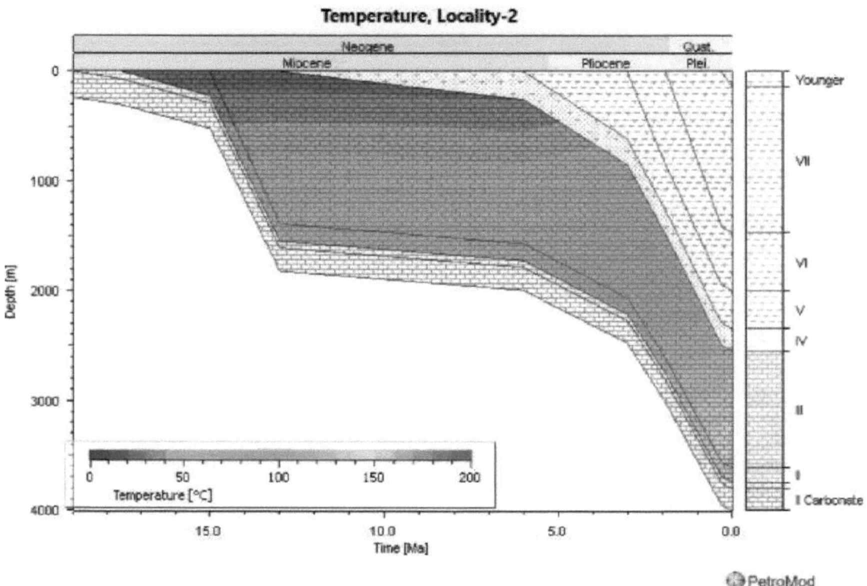

Figura. 28. Mostrar a curva histórica da temperatura da localidade-2.

No final do Miocénico até ao início do Quaternário, a subsidência aumentou subitamente a uma profundidade superior a 2000 m, onde os sedimentos atingiram a profundidade adequada para a produção de hidrocarbonetos e a temperatura também ultrapassou os 100°C (Figura 28). Durante o Miocénico tardio (4 Ma), a uma profundidade de 2040 m, o Ciclo II entrou na janela de petróleo.

Para o Ciclo III, as rochas geradoras durante o início do Pliocénico (3 Ma) à profundidade de 2060m indicam o topo da janela de petróleo. As rochas geradoras dos Ciclos II e III representam uma rápida subsidência durante o Pliocénico Médio e o Pleistocénico Inicial. As rochas geradoras do Ciclo II e do Ciclo III atingiram um pico de maturidade para a janela de petróleo durante o Pliocénico tardio (1,40-1,60) até ao Pleistocénico inicial, a uma profundidade de 2970 m (Figura 27).

De acordo com a Figura. 28, o gradiente geotérmico aumentou subitamente durante o Miocénico Médio, o que deu início a uma taxa de extensão muito elevada, com uma taxa de subsidência rápida, que se caracteriza como uma sequência de syn-rift. Ao correlacionar com a evolução tectónica da área de estudo a sequência syn-rift é uma sucessão de falhas que está correlacionada com os Ciclos I a III na plataforma, enquanto a "pós-rift" sobrejacente, que inclui estratos de drapejamento sem falhas, é equivalente aos Ciclos V a VII na plataforma.

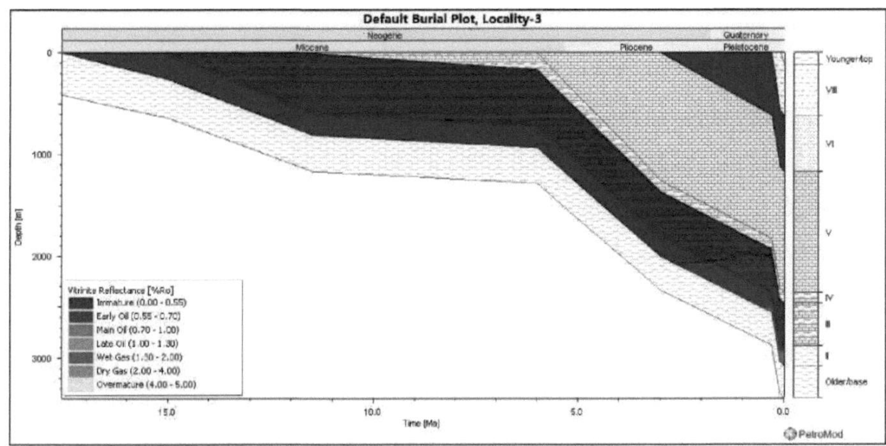

Figura. 29. Mostrando a história de enterramento e os eventos de subsidência da localidade-3.

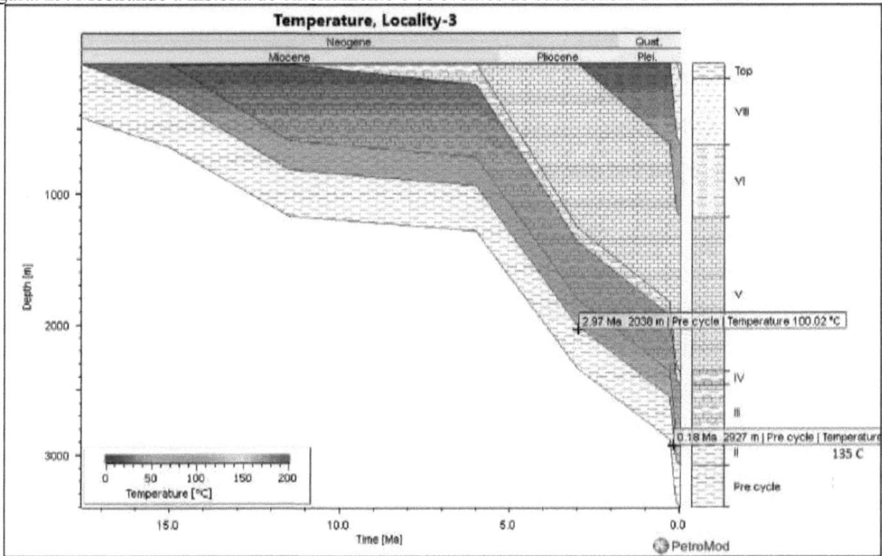

Figura. 30. Mostra a curva do histórico de temperatura da localidade-3 para as rochas geradoras.

Na localidade-3 (Figura. 29), o pré-ciclo foi continuamente soterrado desde os sedimentos do Miocénico Inicial até ao Miocénico Médio, e as rochas geradoras do Ciclo II e do Ciclo III atingiram a profundidade máxima de soterramento durante o

Miocénico Médio (16-6 Ma), com as espessuras actuais de 205 m e 420 m. No Pliocénico Inicial (4,0 Ma) ocorreu uma sedimentação rápida e a taxa de sedimentação aumentou com a profundidade. O Ciclo II é considerado a principal rocha geradora na localidade-3. O Ciclo II entrou na janela de petróleo a uma profundidade de 2030 m durante o Pliocénico Médio, enquanto a rocha geradora do Ciclo III entrou na janela de petróleo a uma profundidade de 2050 m no Pliocénico Médio (2,5 Ma), com a temperatura relativa a variar entre 100 e 135°C no intervalo de maturidade (Figura 30). O Ciclo II passou a janela principal de petróleo no início do Pleistoceno (0,03 Ma) a uma profundidade de 2810 m.

2.5.6 Quantidade acumulada de produção de hidrocarbonetos da localidade-1, localidade-2 e localidade-3

O rácio de hidrocarbonetos gerados foi avaliado para a área de estudo. A quantidade de gás gerada nesta área foi calculada utilizando os dados geoquímicos. O volume de geração de hidrocarbonetos a partir de um volume unitário de rocha geradora está relacionado com a quantidade, o tipo e a maturidade do querogénio. A maturidade do querogénio pode ser expressa pela sua "razão de transformação", que é definida como a razão entre a quantidade de hidrocarbonetos gerados e a quantidade total de hidrocarbonetos que o querogénio é capaz de gerar.

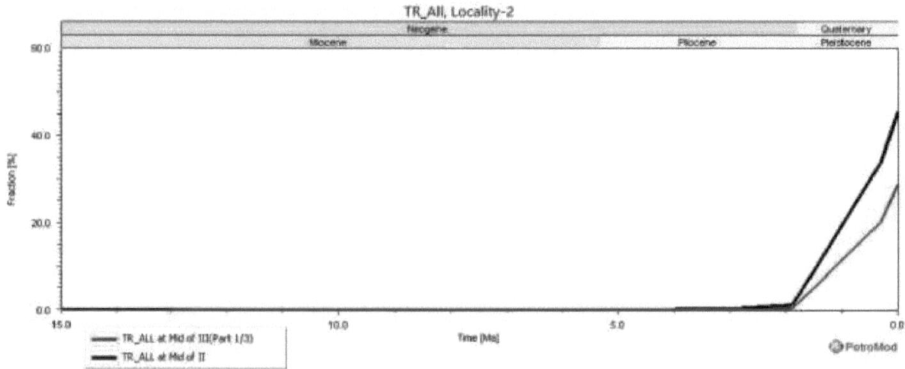

Figura. 31. Indicar a transformação do ciclo II e do ciclo III na localidade-2.

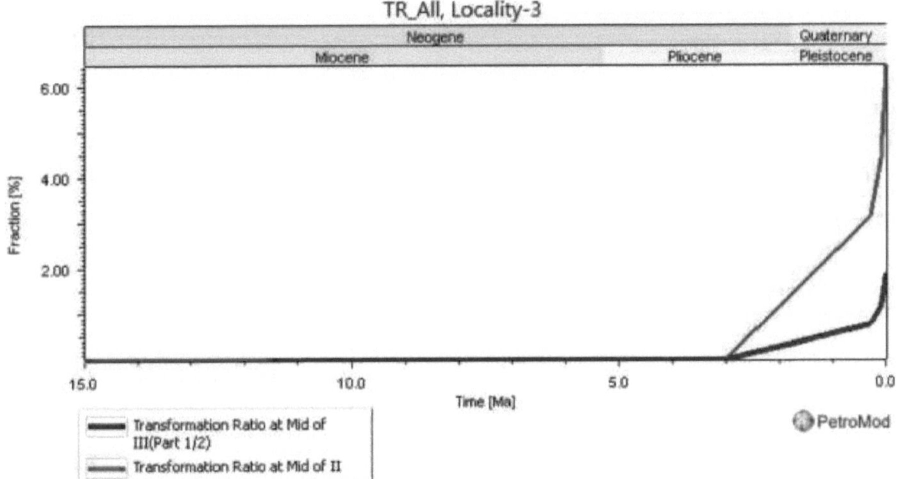

Figura. 32. Indica a transformação do Ciclo II e do Ciclo III na localidade-3.

O rácio de transformação corresponde ao pico de geração na gama de 0,01 Ma (Figura 31, 32). O rácio de transformação para as amostras de xisto do Ciclo II/III na localidade-2 indica que o querogénio em ambos os ciclos começou a transformar-se em hidrocarboneto durante o início do Pliocénico, por volta de 4,50 Ma, e atingiu 28,99% no Ciclo III e 45% no Ciclo II durante o Pliocénico Médio, sendo principalmente atribuído a uma geração de gás (Figura 31). Em termos de amostras de xisto do Ciclo II e do Ciclo III na localidade-3, o rácio de transformação do Ciclo II e do Ciclo III atingiu 5,5 e 1,88%, respetivamente, durante o Pleistoceno Médio e é principalmente atribuído à produção de gás. A transformação da matéria orgânica na localidade-3 começou durante 3,02 Ma e continua até aos dias de hoje (Figura 32).

3. Interpretação sísmica

A interpretação sísmica é a ciência que permite identificar a geologia a partir do registo sísmico processado a uma determinada profundidade.

3.2 Interpretação de falhas

As falhas desempenham um papel crítico nos sistemas petrolíferos, potencialmente fornecendo condutas e barreiras para as vias de migração de hidrocarbonetos a partir de fontes e, se associadas a fracturas, formando reservatórios significativos. As falhas são evidenciadas nas secções sísmicas de várias formas, sendo as principais respostas sísmicas as seguintes.

*   Encerramento abrupto de eventos numa secção

*   Difracções que têm origem em terminações de eventos

*   Alterações na inclinação: achatamento ou inclinação

*   Distorções de mergulho vistas através da falha

*   Desaparecimento dos fenómenos de reflexão na zona de sombra da falha

*   Alterações nos padrões de eventos através da falha

*   Por vezes, as reflexões do próprio plano de falha

Um problema que se coloca durante a correlação dos horizontes através de uma falha. A melhor e mais segura maneira é quando os poços estão disponíveis com os registos sónicos em ambos os lados da falha. O horizonte pode então ser escolhido em cada poço e utilizar o sismograma sintético para fazer identificações positivas em cada poço. O outro método, menos fiável, consiste em identificar pacotes de reflexão que tenham o mesmo carácter e possam ser utilizados para a correlação. Na atual área de estudo, as falhas foram interpretadas com base nas quebras de continuidade dos reflectores e no deslocamento dos pacotes de sequências sísmicas (Figura 33). Foram assinaladas duas falhas principais que estão a mergulhar uma em direção à outra e as falhas são interpretadas como falhas normais. Em termos de fase de rifting, é interpretada como uma sequência syn-rift.

As falhas normais são formadas quando a parede suspensa se desloca para baixo em relação à parede inferior. Quando as rochas deslizam umas sobre as outras em falhas, o bloco superior ou sobrejacente

O bloco superior ou sobrejacente ao longo do plano de falha é designado por parede de suspensão ou parede de cabeça; o bloco inferior é designado por parede de pé. A inclinação das falhas normais é na direção uma da outra. Assim, um bloco que tenha caído relativamente para baixo entre duas falhas normais que mergulham uma na direção da outra é designado por graben.

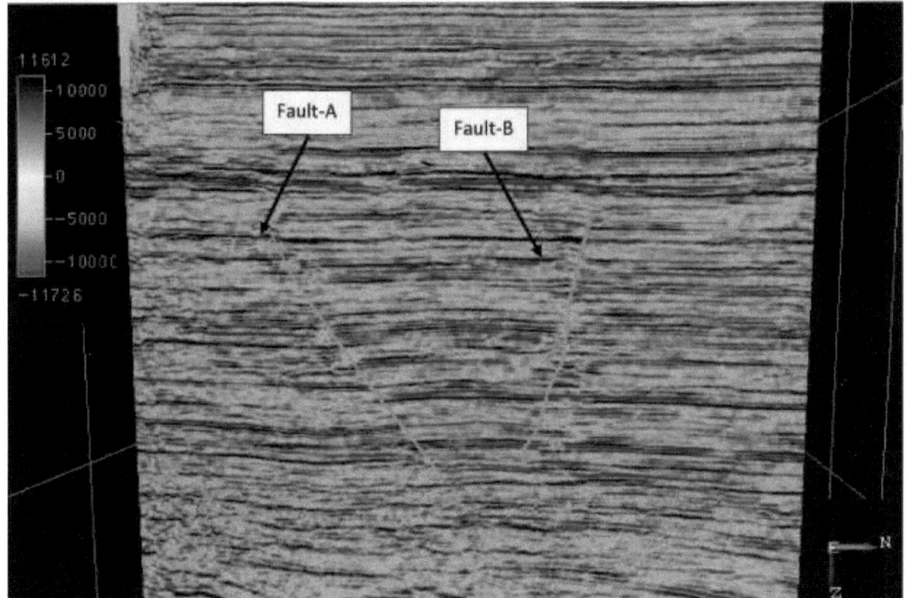

Figura. 33. Interpretação de falhas.

As falhas normais formam-se porque a crosta terrestre e a litosfera estão a ser separadas ou por forças de extensão. O sistema syn-rift é marcado pelas forças extensionais. A crosta estendeu-se e formaram-se as falhas normais que indicaram a sequência sin-rifte. A base é indicada como sequência pré-rifte, na qual não ocorrem actividades tectónicas. No topo da sequência pré-rifte, começa a sequência syn-rift. Na área de estudo atual, devido à compressão vertical, a crosta começou a estender-se e formaram-se duas falhas normais principais, conhecidas como falha -A e falha - B na (Figura 33). A falha A está a mergulhar na direção NE-SW e a falha B está a mergulhar na direção NW-SE. O bloco rebaixado entre duas falhas normais que estão a mergulhar uma em direção à outra é designado por graben.

3.3 Atributos sísmicos

Os atributos sísmicos são poderosos auxiliares da interpretação sísmica. A crescente dependência dos dados sísmicos exige que se obtenha o máximo de informação possível a partir dos dados de reflexão sísmica. Os atributos sísmicos permitem obter mais informações a partir dos dados sísmicos. Além disso, permitem aos geólogos interpretar mais rapidamente as falhas, os canais, o ambiente de deposição e a história da deformação estrutural (Chopra e Marfurt, 2005). Para além disso, a geomorfologia sísmica utiliza os atributos sísmicos para obter uma compreensão geomorfológica utilizando conjuntos de dados 3-D.

Este objetivo foi alcançado através da abordagem de características específicas de amplitude sísmica em diferentes ambientes geológicos e da quantificação da qualidade dos dados a partir dos quais estas interpretações são feitas.

3.3.1 Atributo sísmico de similaridade para interpretação de falhas

O atributo sísmico de semelhança 3D provou ser uma das técnicas mais úteis para identificar as falhas e as fracturas ou pode também ser utilizado para verificar se a interpretação da falha está correcta ou não.

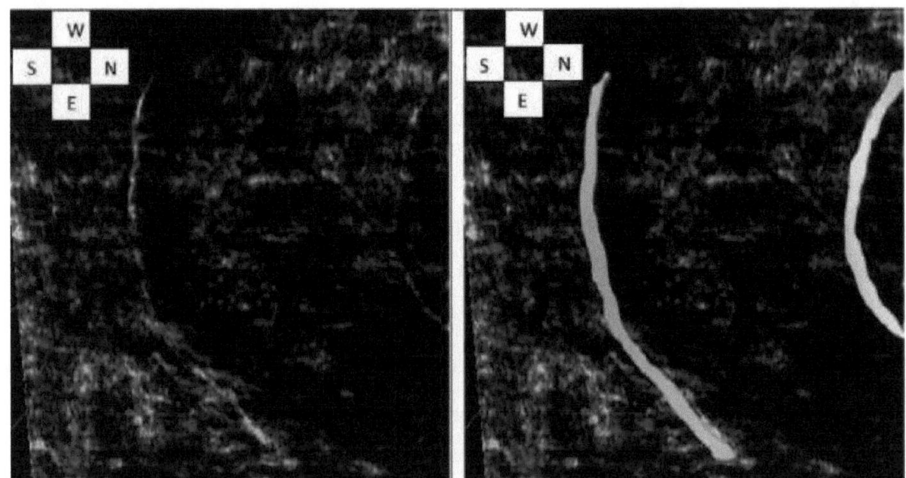

Figura. 34. Atributos sísmicos 3D indicam as falhas.

Atributos sísmicos 3D que realçam as descontinuidades nos dados sísmicos que são utilizados para indicar a identificação de falhas (Figura. 34).

3.3.2 Similaridade Atributo sísmico utilizado para marcar o canal

A deteção de canais e da sua litologia de preenchimento sempre constituiu um desafio para os geólogos e geofísicos de exploração. Utilizando o atributo sísmico de similaridade, é interpretado um canal. O canal meandrante também é interpretado e está localizado no lado nordeste do canal principal (Figura 35).

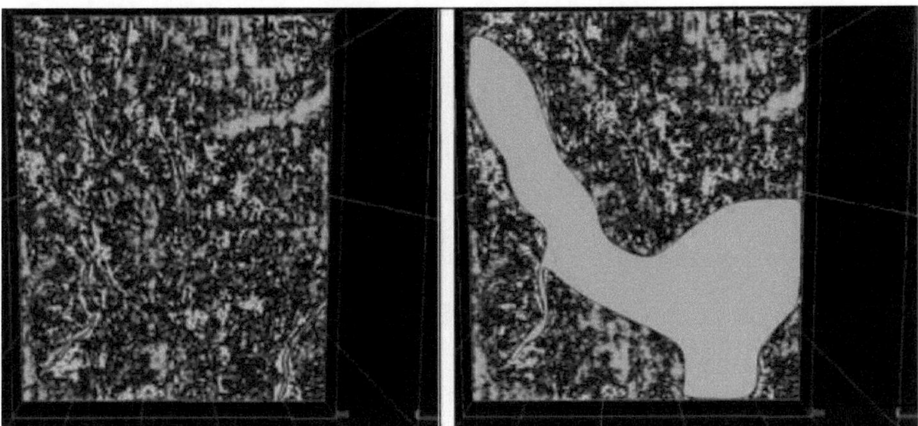

Figura. 35. Atributo sísmico de similaridade utilizado para marcar o canal

3.3.3 Coerência

A coerência é o atributo do volume sísmico; funciona apenas em dados sísmicos 3D e mede a semelhança entre traços da forma de onda sísmica dentro de uma pequena janela de análise.

A tecnologia de coerência foi desenvolvida pela Amoco (Bahorich e Farmer, 1998) para permitir a abundância de informação contida no volume sísmico 3D, utilizando técnicas de interpretação padrão complementares. Os elementos importantes da geologia, como as falhas e as características estratigráficas (canais), são evidentes como descontinuidades nos dados sísmicos. Um atributo como a coerência pode ser muito útil para identificar e visualizar estas características.

3.3.3.1 Coerência da ração de energia

A coerência do rácio de energia é definida pela energia coerente que é normalizada pela energia total dos traços dentro da janela de cálculo (Chopra e Marfurt, 2008). A Figura. 36 mostra um corte no horizonte da coerência do rácio de energia do atributo sísmico Similaridade e do atributo sísmico Instantâneo.

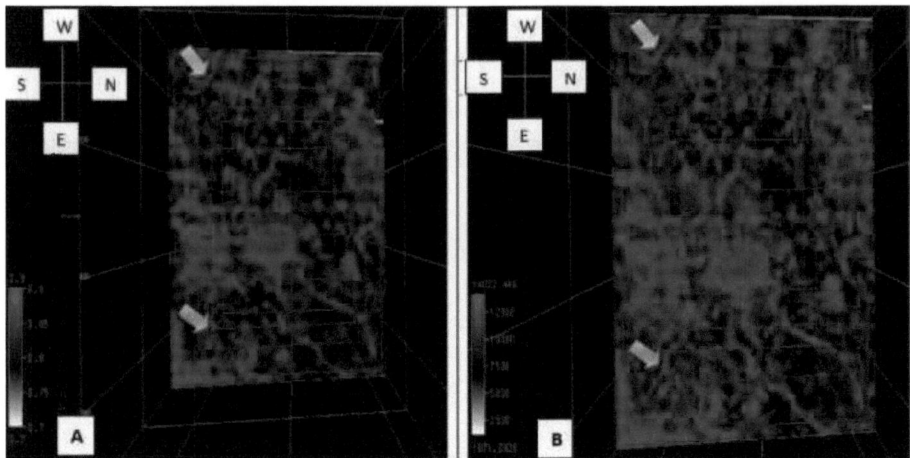

Figura. 36. Coerência da Razão de Energia, (7A) Razão de energia do atributo sísmico Similaridade e (7B) Razão de energia do atributo sísmico Instantaneidade.

Os resultados destas duas rotinas de ponderação de energia são realmente muito semelhantes aos do atributo de coerência, mas com maior pormenor. Isto pode ser visto no canal mais pequeno localizado a sudoeste do sistema complexo do canal principal (seta verde), e no canal sinuoso localizado no canto nordeste do levantamento (seta azul). Embora ambos os algoritmos mostrem características semelhantes, a coerência de similaridade parece ser mais afetada pela pegada de aquisição do que a coerência da razão de energia.

3.3.4 Amplitude real instantânea

A amplitude real instantânea mede a força de reflexão no tempo. Este atributo é utilizado principalmente para visualizar características regionais, tais como estrutura, limites de sequência, espessura e variações litológicas. Em alguns casos, os pontos brilhantes e escuros podem ser indicadores de gás. As características de sintonização podem ser observadas utilizando este atributo e podem ajudar a identificar reservatórios a uma escala local (Harvey *et al.*, 2000), por exemplo, Figura. 37.

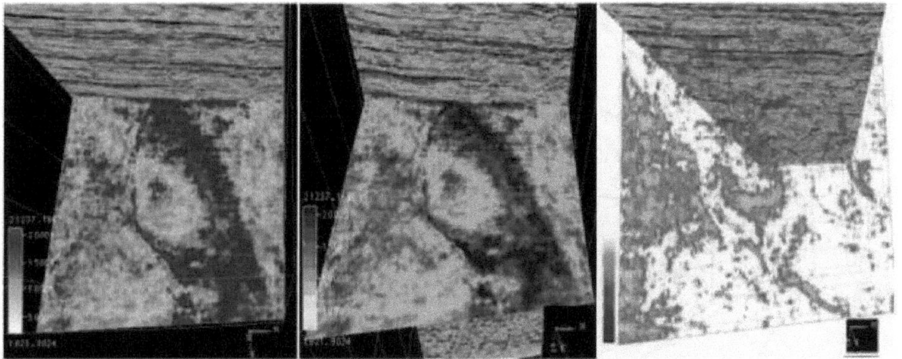

Figura. 37. (a) Interpretação da falha (b) Distribuição dos xistos arenosos (c) Espessura dos leitos sedimentares.

3.3.5 Frequência instantânea

A frequência instantânea é a taxa de variação da fase instantânea de uma amostra de tempo para a seguinte (primeira derivada vertical da fase). É utilizada para visualizar padrões de deposição regionais. Em alguns casos, a absorção de alta frequência pode causar zonas de sombra por baixo de reservatórios de condensado e gás. A sintonização de frequências pode indicar alterações na espessura do leito (possivelmente pitchouts, on laps, ou down laps) (Figura 38). Os picos indicam ruído ou pontos descontínuos onde a frequência pode tornar-se zero, negativa ou anomalamente grande (Harvey *et al.*, 2000).

3.3.6 Ecrãs de pico de frequência e de pico de amplitude

Embora a decomposição espetral ofereça uma excelente ferramenta para auxiliar a interpretação de sistemas fluviais, é sabido que a gestão eficiente destes múltiplos volumes de dados para extrair a sua informação relevante é um desafio para o intérprete. De acordo com Liu e Marfurt (2007), combinando os volumes de pico de frequência e de pico de amplitude extraídos da análise de decomposição espetral, o intérprete pode identificar canais altamente sintonizados. Os valores baixos da frequência de pico estão correlacionados com intervalos mais espessos e as frequências de pico elevadas com características mais finas.

De acordo com Castagna *et al.* (2003), o valor que é utilizado para fazer corresponder a decomposição espetral da amplitude do pico e da frequência do pico também pode ser utilizado para diferentes propriedades do reservatório, como o teor de fluido, a espessura e/ou a litologia. Volume da frequência de pico, a cor índigo corresponde a frequências mais elevadas (Figura 39).

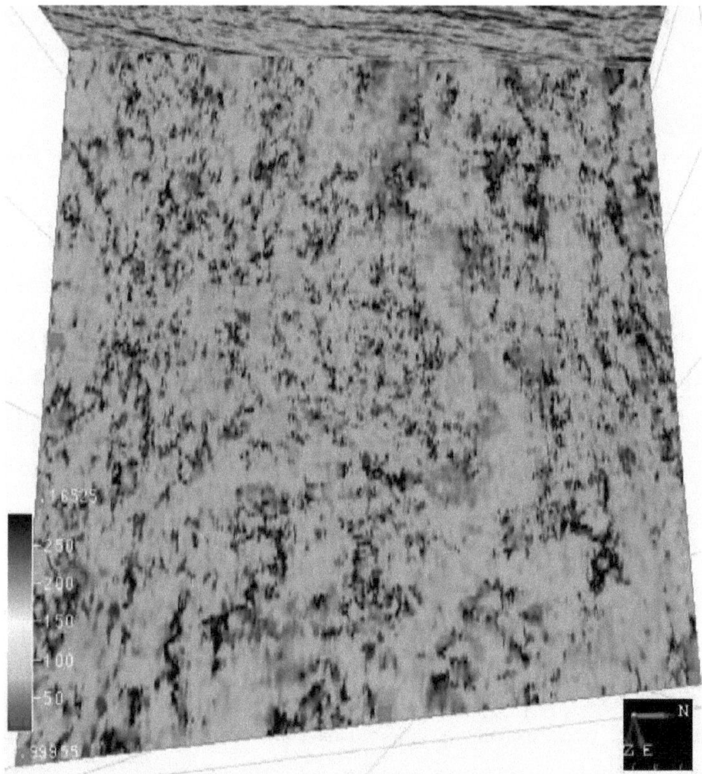

Figura. 38. Atributo de frequência da instância.

Volume de amplitude de pico, a preto corresponde a valores de amplitude de pico mais elevados na Figura. 40.

As figuras. 30 e 40 mostram os volumes da amplitude de pico e da frequência de pico. A figura. 41 mostra a combinação de ambos os ecrãs, o que simplifica a interpretação de múltiplos volumes de dados. A localização do poço é realçada na imagem por um bloco vermelho.

As espessuras de areia dentro do canal variam de 80-200. Combinando a informação dos dados dos poços e os atributos de pico, concluímos que os valores de frequência de pico mais baixos dentro do complexo do canal principal estão correlacionados com a litologia de enchimento do canal mais xistoso. Fora do complexo do canal, a relação da litologia com a frequência ainda não é clara.

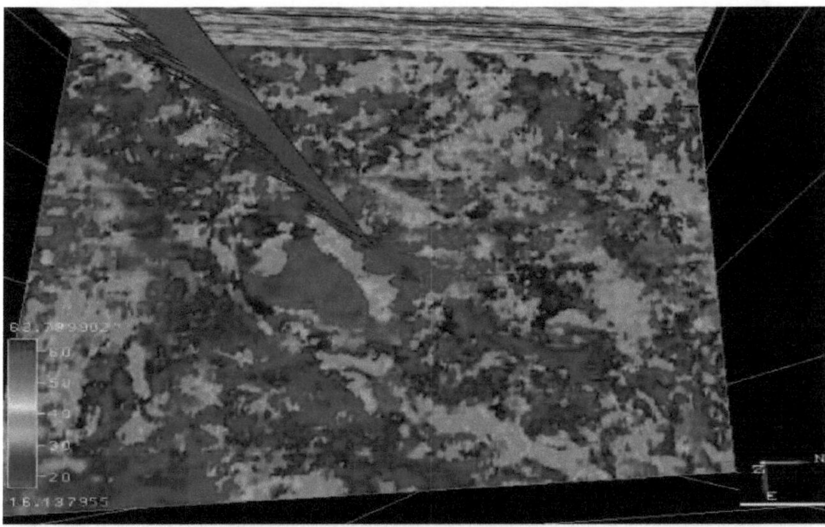

Figura. 39. Amplitude da frequência de pico.

Figura. 40. Volume da amplitude de pico.

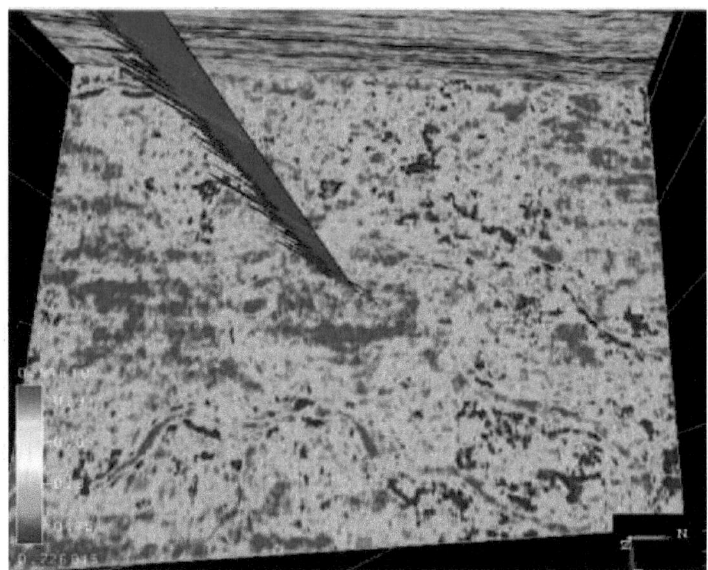

Figura. 41. Frequência de pico e amplitude de pico misturadas com volume, valores de frequência de pico mais baixos dentro do complexo do canal principal podem estar correlacionados com a litologia de enchimento do canal mais xisto.

3.3.7 Convolver atributo sísmico

Utilizando o atributo sísmico Convolve, os limites do canal podem ser delineados (Figura. 42). Os resultados mostraram que a coerência e a decomposição espetral são superiores. Nesta situação, a pegada de aquisição tem um impacto negativo na qualidade da resolução lateral do atributo. As setas azuis indicam os limites do canal.

3.4 Seleção de horizontes sísmicos

Geologicamente, os "horizontes" podem ser considerados camadas estratigráficas individuais. São superfícies aproximadamente horizontais e estão frequentemente associadas a um forte refletor nos dados sísmicos (O'Malley e Kakadiaris, 2004). Nos casos em que não existe um refletor forte, é frequentemente necessária uma interpretação geofísica extensiva para determinar a natureza exacta de um determinado horizonte.

Os horizontes seleccionados têm muitas utilizações; por exemplo, podem ser modelados como superfícies em 3-D para obter uma indicação do terreno subsuperficial ou podem ser extraídas amplitudes ao longo dos horizontes para obter uma possível visão da superfície terrestre numa época geológica anterior.

horizontes para obter uma possível visão da superfície da terra numa época geológica anterior e outra utilização importante é determinar o topo e a base do reservatório.

Uma vez combinados os dados do poço e os dados sísmicos, por exemplo, na vista da secção transversal (Figura. 42), os intervalos sísmicos e a interpretação sísmica associada podem ser utilizados para marcar o horizonte superior e inferior do reservatório.

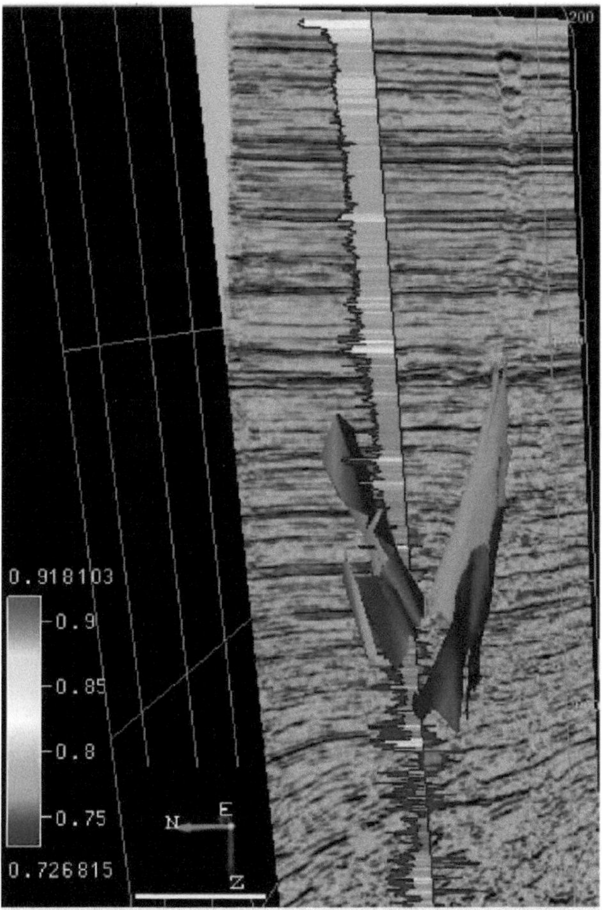

Figura. 42. Os dados do poço e os dados sísmicos são combinados na secção transversal.

Os algoritmos de seleção automática de horizontes 3-D assumem que existe um refletor notável em cada ponto ao longo de um horizonte e, consequentemente, utilizam vários detectores de características lineares e métodos de rastreio de gradientes para selecionar os pontos que potencialmente existem no horizonte.

No entanto, há várias características dos dados sísmicos que contrariam o projetista do algoritmo.

• A dimensão e a separação dos horizontes não são constantes ao longo de todo o bloco sísmico

• Os horizontes individuais são descontínuos de tal forma que, mesmo para um intérprete humano, é muitas vezes difícil traçar um único horizonte completamente através do bloco sísmico.

• As características de pequena escala sem importância distorcem os picos dos horizontes sísmicos detectados quando são utilizados filtros de deteção de características lineares (Figura. 43). Estes elementos de pequena escala simulam a resposta de um horizonte genuíno quando o filtro lhes é aplicado e, por conseguinte, contribuem para o "ruído" na imagem sísmica

• Uma suavização descuidada para melhorar a continuidade do horizonte e reduzir o ruído pode eliminar características estruturais importantes e produzir horizontes onde não existem efetivamente nos dados originais. Este problema de falsos positivos inclui horizontes seleccionados através de áreas inadequadas (por exemplo, regiões caóticas em termos de textura ou zonas de falhas). A razão por detrás da eliminação de pontos recolhidos diretamente em falhas é assegurar um horizonte descontínuo, como se mostra na Fig. 16.

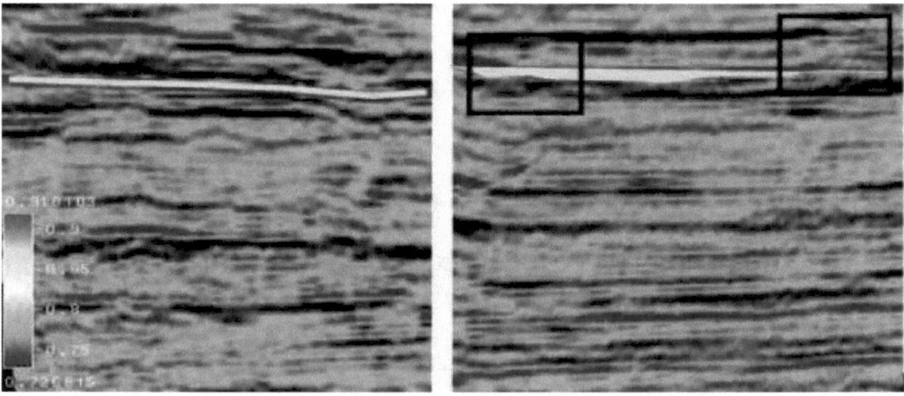

Figura. 43. (a) Preservados pelo método descrito, (b) são detectados como um horizonte único e deslocado por um detetor de características lineares.

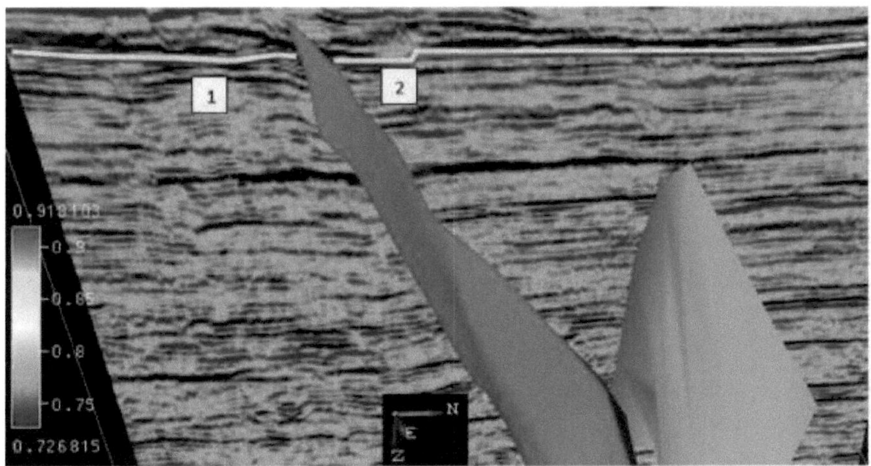

Figura. 44. Indicar a descontinuidade de horizontes produzida por esta falha. Os contornos (1-2) pertencem aos mesmos horizontes, respetivamente.

3.4 No Regime Estratigráfico

3.4.1 Canal

Os canais e as clinoformas, embora independentes da profundidade, quando combinados com as fácies associadas são particularmente valiosos para a análise do sistema deposicional clástico, o que permite ao intérprete formular um paleoambiente. Pode fornecer uma variedade de elementos importantes do sistema petrolífero. A análise da alteração das posições verticais do vértice das clinoformas convexas e do antapex (fundo) dos reflectores de canais côncavos fornece informações úteis sobre alterações no espaço de acomodação vertical e lateral (alterações relativas no nível do mar versus transgressões e regressões).

As (setas azuis, respetivamente) de progradação dos deltas da esquerda para a direita são evidentes pela geometria das clinoformas que se sobrepõem e que culminam com um episódio mais recente de corte do canal para baixo mostrado na Figura. 45b. O canal é interpretado na linha sísmica (Figura. 45a)

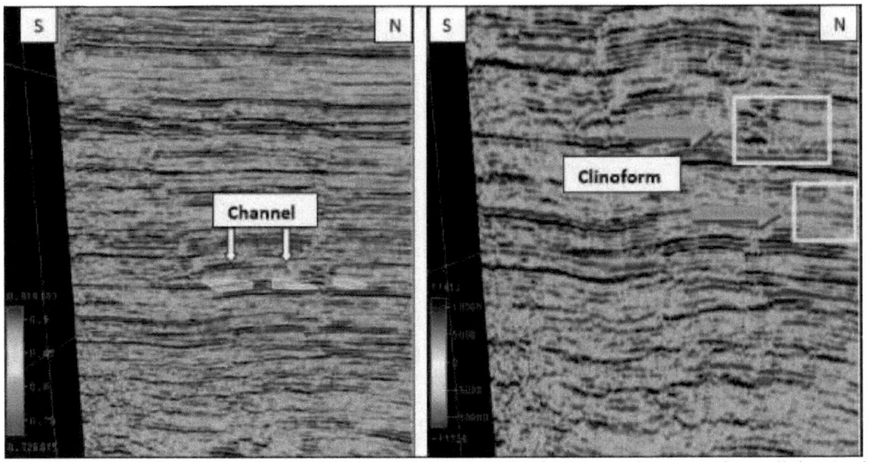

Figura. 45. (a) O canal é interpretado na linha sísmica, (b) As clinoformas são interpretadas na linha sísmica.

Um aspeto particularmente útil deste atributo é a sua capacidade de delinear os limites das para-sequências. Dois conjuntos sucessivos de para-sequências são observados na fácies deltaica indicada pelas duas setas. A seta cor de laranja indica um HST (Highstand Systems Tract) com um ápice truncado e a seta azul indica um LST (Lowstand Systems Tract) com o colo superior preservado (Figura. 46).

3.4.2 Coseno da fase instantânea

Com a perda de informação sobre a amplitude, o atributo cosseno da fase instantânea parece iluminar a continuidade do refletor, independentemente do brilho ou mesmo de diferenças subtis de amplitude. Como este atributo realça a continuidade, é possível observar facilmente a inconformidade angular indicada pela caixa amarela na Figura 47a e por uma caixa vermelha na Figura 47b. 47a e com uma caixa vermelha na figura 47b.

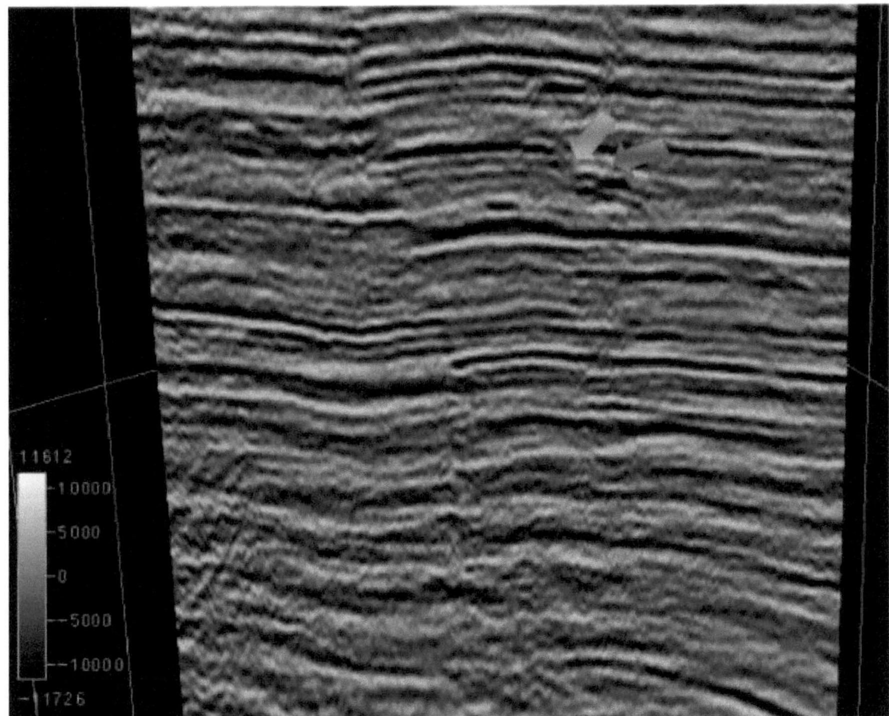

Figura. 46. Linha sísmica indica parasequências.

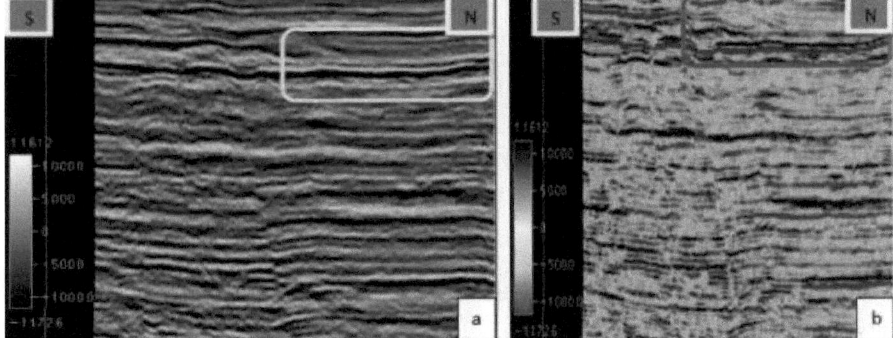

Figura. 47. Linha sísmica indica inconformidade angular.

Uma inconformidade angular é uma inconformidade em que estratos horizontais paralelos de rocha sedimentar são depositados no topo de camadas inclinadas ou erodidas, produzindo uma discordância angular com as camadas horizontais sobrejacentes. Toda a sequência pode mais tarde ser deformada e inclinada por outra atividade orogénica.

3.5 Observação sísmica estratigráfica

De acordo com os dados sísmicos, os leitos sedimentares são paralelos uns aos outros.

Os leitos sedimentares de alta amplitude estão relacionados com o contraste de alta

impedância entre litologias (Figura. 48). Enquanto que os leitos sedimentares de baixa

amplitude estão relacionados com a baixa impedância

contraste entre as litologias (Figura. 48).

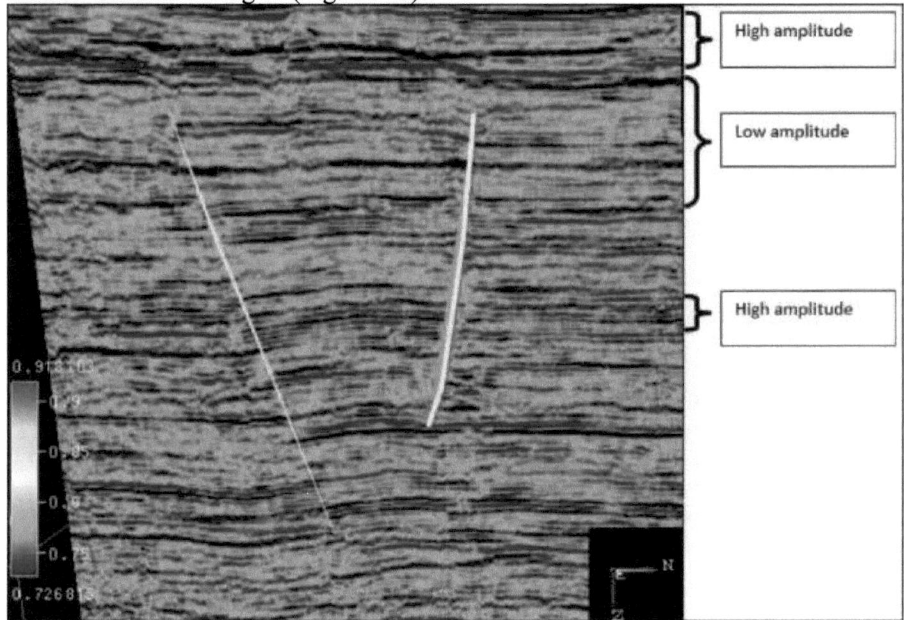

Figura. 48. As linhas sísmicas indicam alta amplitude e baixa amplitude.

3.6 Mapas de estrutura temporal

Dois horizontes foram interpretados e mapeados utilizando a sua continuidade sísmica

e uma correlação sísmica adequada com o poço (Figura. 49a, 49c).

A figura. 49 mostra a sequência interpretativa interactiva que foi depois aplicada aos

tempos e amplitudes fornecidos pelo seguimento do horizonte. Os tempos do horizonte

forneceram o mapa

Os tempos do horizonte forneceram o mapa de estrutura para o topo e a base do reservatório. Os mapas de estrutura temporal do topo e da base da albufeira foram preparados utilizando o software Opendtect 4.4.0.

Os horizontes sísmicos são convertidos em mapas de estrutura temporal para captar a sua estrutura interna. Para o contorno dos mapas estruturais dos horizontes sísmicos, fizemos algumas experiências utilizando o software Opendtect no computador portátil. Os resultados foram bastante satisfatórios no caso do topo do reservatório, utilizando o horizonte-1, e do subsolo de um reservatório, utilizando o horizonte-2. (Figura. 49)

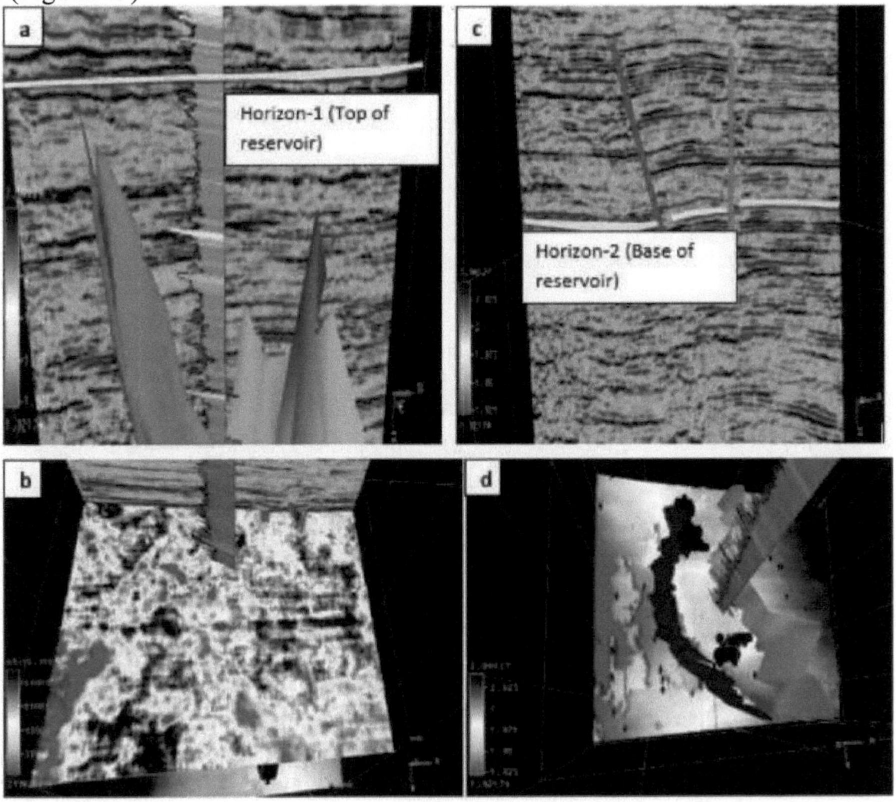

Figura. 49. (a) Horizonte interpretado do topo do reservatório, (b) Mapa da estrutura temporal do topo do reservatório, (c) Horizonte interpretado do subsolo do reservatório, (d) Mapa da estrutura temporal do subsolo do reservatório.

Referências

Al-Hajeri, M.M., Al Saeed, M., Derks, J., Fuchs, T., Hantschel, T., Kauerauf, A., Neumaier, M., Schenk, O., Swientek, O. e Tessen, N., 2009. Modelação de Bacias e Sistemas Petrolíferos. Oilfield Review, 21(2): 14-29.

Bahorich, M.S. e Farmer, S.L., 1998. Aparelho para processamento e exploração de sinais sísmicos. Google Patents.

Behar, F., Vandenbroucke, M., Tang, Y., Marquis, F. e Espitalie, J., 1997. Cracking térmico do querogénio em sistemas abertos e fechados: Determinação de Parâmetros Cinéticos e Coeficientes Estequiométricos para a Produção de Petróleo e Gás. Geoquímica Orgânica, 26(5): 321-339.

Burnham, A. e Sweeney, J., 1991. Modeling the Maturation and Migration of Petroleum (Modelação da Maturação e Migração do Petróleo). Tratado de Geologia do Petróleo Handbook of Petroleum Geology, AAPG: 55-63.

Castagna, J.P., Sun, S. e Siegfried, R.W., 2003. Análise Espectral Instantânea: Deteção de sombras de baixa frequência associadas a hidrocarbonetos. The Leading Edge, 22(2): 120-127.

Chopra, S. e Marfurt, K.J., 2005. Seismic Attributes-a Historical Perspective (Atributos sísmicos - uma perspetiva histórica). Geophysics, 70(5): 3SO-28SO.

Chopra, S. e Marfurt, K.J., 2008. Emerging and Future Trends in Seismic Attributes (Tendências emergentes e futuras em atributos sísmicos). The Leading Edge, 27(3): 298-318.

Espitalié, J., 1993. Pirólise de avaliação de rochas. Applied petroleum geochemistry: 237-261.

Hantschel, T. e Kauerauf, A.I., 2009. Fundamentals of Basin and Petroleum Systems Modeling (Fundamentos da Modelação de Sistemas de Bacias e Petróleo). Springer Science & Business Media.

Harvey, E.L., Sheffield, T.M., Meyer, D., Lees, J., Payne, B. e Zeitlin, M.J., 2000. Techniques for Volume Interpretation of Seismic Attributes (Técnicas para Interpretação de Volume de Atributos Sísmicos). In: Programa Técnico do Seg Resumos Expandidos 2000. Sociedade de Geofísicos de Exploração: pp: 600-603.

Hunt, J., 1996. Petroleum Geology and Geochemistry. Nova Iorque, Freeman and Company.

Kamali, M.R. e Rezaee, M.R., 2003. Burial History Reconstruction and Thermal Modelling at Kuh-E Mond, Sw Iran. Journal of Petroleum Geology, 26(4): 451464.

Liu, J. e Marfurt, K.J., 2007. Atributos espectrais instantâneos para detetar canais. Geofísica, 72(2): P23-P31.

Magoon, L. e Schmoker, J.W., 2000. O Sistema Petrolífero Total - A Rede de Fluidos Naturais que Restringe a Unidade de Avaliação. US geological survey world petroleum assessment: 31.

Magoon, L.B., 1994. O Sistema Petrolífero - da Fonte à Armadilha. AAPG Memoir 60.

Mukhopadhyay, P.K., Wade, J.A. e Kruge, M.A., 1995. Organic Facies and Maturation of Jurassic/Cretaceous Rocks, and Possible Oil-Source Rock Correlation Based on Pyrolysis of Asphaltenes, Scotian Basin, Canada. Geoquímica Orgânica, 22(1): 85-104.

O'Malley, S.M. e Kakadiaris, I.A., 2004. Para uma estrutura robusta baseada em Realce e seleção de horizontes em dados sísmicos 3-D. In: Visão Computacional e Reconhecimento de Padrões, 2004. CVPR 2004. Actas da Conferência da Sociedade de Computadores IEEE de 2004. IEEE: pp: II-II.

Passey, Q.R., Bohacs, K., Esch, W.L., Klimentidis, R. e Sinha, S., 2010. From Oil-Prone Source Rock to Gas-Producing Shale Reservoir-Geologic and Petrophysical Characterization of Unconventional Shale Gas Reservoirs. In: Conferência e Exposição Internacional de Petróleo e Gás na China. Sociedade de Engenheiros de Petróleo.

Peters, K., 1986. Guidelines for Evaluating Petroleum Source Rock Using Programmed Pyrolysis. AAPG bulletin, 70(3): 318-329.

Peters, K.E. e Cassa, M.R., 1994. Applied Source Rock Geochemistry: Capítulo 5: Parte Ii. Elementos Essenciais.

Peters, K.E. e Moldowan, J.M., 1993. The Biomarker Guide: Interpreting Molecular

Fossils in Petroleum and Ancient Sediments (Interpretação de Fósseis Moleculares em Petróleo e Sedimentos Antigos).

Sachse, V.F., Littke, R., Heim, S., Kluth, O., Schober, J., Boutib, L., Jabour, H., Perssen, F. e Sindern, S., 2011. Rochas de Origem Petrolífera da Bacia de Tarfaya e Áreas Adjacentes, Marrocos. Geoquímica Orgânica, 42(3): 209-227.

Sykes, R. e Snowdon, L., 2002. Guidelines for Assessing the Petroleum Potential of Coaly Source Rocks Using Rock-Eval Pyrolysis. Organic Geochemistry, 33(12): 1441-1455.

Tissot, B., Pelet, R. e Ungerer, P., 1987. Thermal History of Sedimentary Basins, Maturation Indices, and Kinetics of Oil and Gas Generation (História Térmica das Bacias Sedimentares, Índices de Maturação e Cinética da Geração de Petróleo e Gás). AAPG bulletin, 71(12): 1445-1466.

Walters, C.C., 2006. A Origem do Petróleo. In: Avanços Práticos no Processamento de Petróleo. Springer: pp: 79-101.

yes
I want morebooks!

Buy your books fast and straightforward online - at one of world's fastest growing online book stores! Environmentally sound due to Print-on-Demand technologies.

Buy your books online at
www.morebooks.shop

Compre os seus livros mais rápido e diretamente na internet, em uma das livrarias on-line com o maior crescimento no mundo! Produção que protege o meio ambiente através das tecnologias de impressão sob demanda.

Compre os seus livros on-line em
www.morebooks.shop

Printed by Books on Demand GmbH, Norderstedt / Germany